# 苗谱丛书

丛书主编：刘 勇

# 元宝枫

*Acer truncatum* Bunge

鲁仪增 张林 李文清 仝伯强 编著

中国林业出版社

图书在版编目(CIP)数据

元宝枫 / 鲁仪增等编著. -- 北京 : 中国林业出版社, 2025. 6. -- ISBN 978-7-5219-3239-3

Ⅰ. S792.35

中国国家版本馆CIP数据核字第2025FX3163号

中国林业出版社·自然保护分社（国家公园分社）

策划编辑：刘家玲

责任编辑：宋博洋

---

出版　中国林业出版社（100009　北京市西城区德内大街刘海胡同 7 号）

http://www.forestry.gov.cn/lycb.html　电话：（010）83143625　83143519

发行　中国林业出版社

印刷　河北京平诚乾印刷有限公司

版次　2025 年 6 月第 1 版

印次　2025 年 6 月第 1 次印刷

开本　889mm × 1194mm　1/32

印张　2.5

字数　75 千字

定价　25.00 元

---

苗譜

## 《苗谱丛书》顾问

沈国舫 院士（北京林业大学）

尹伟伦 院士（北京林业大学）

## 《苗谱丛书》工作委员会

**主　任：** 杨连清（国家林业和草原局林场种苗司）

**委　员：** 刘　勇（北京林业大学）

赵　兵（国家林业和草原局林场种苗司）

丁明明（国家林业和草原局林场种苗司）

刘家玲（中国林业出版社）

李国雷（北京林业大学）

## 《苗谱丛书》编写编委会


**主　编：**刘　勇（北京林业大学）

**副主编：**李国雷（北京林业大学）　郑郁善（福建农林大学）

沈海龙（东北林业大学）　洑香香（南京林业大学）

韦小丽（贵州大学）　王乃江（西北农林科技大学）

**委　员**（以姓氏笔画为序）：

马和平（西藏农牧学院）　王晓丽（西南林业大学）

石进朝（北京农业职业学院）　邢世岩（山东农业大学）

朱玉伟（新疆林业科学院）　刘西军（安徽农业大学）

刘春和（北京市黄垡苗圃）　刘家玲（中国林业出版社）

江　萍（石河子大学）

李庆梅（中国林业科学研究院）

李铁华（中南林业科技大学）　邸　葆（河北农业大学）

应叶青（浙江农林大学）　张　鹏（东北林业大学）

陆秀君（沈阳农业大学）

郑智礼（山西省林业和草原科学研究院）

赵和文（北京农学院）　郝龙飞（内蒙古农业大学）

姜英淑（北京市林木种苗站）　贺国鑫（北京市大东流苗圃）

袁启华（北京市西山试验林场）

钱　滕（安徽林业职业技术学院）

梅　莉（华中农业大学）

曹帮华（山东农业大学）　彭祚登（北京林业大学）

薛敦孟（北京市大东流苗圃）

**秘　书：**祝　燕（中国林业科学研究院）宋博洋（中国林业出版社）

林　娜（华南农业大学）　王佳茜（北京林业大学）

万芳芳（安徽农业大学）　杨钦淞（北京林业大学）

## 《元宝枫》分册编写委员会

**主　编：** 鲁仪增　张　林　李文清　仝伯强

**副主编：** 程甜甜　张德涛　孙忠奎　仲凤维　燕　语　殷红燕　赵　勇
张安琪　杜　辉　张　靖

**委　员**（以姓氏笔画为序）：

于永畅　于海波　马　兵　王　波　王　艳　王　毅　王亚男
王郑昊　王娟芳　王睿龙　司芬芬　边晓慧　吕　娟　朱　磊
朱娜娜　朱翠翠　乔　谦　任红剑　庄振杰　刘　宝　刘　博
刘　璐　刘　鹍　刘　涛　刘立江　刘金石　刘金锦　关凌珊
许庆标　孙　正　孙　涛　孙　芳　孙中元　孙立民　孙延国
孙宇琦　李　伟　李　洋　李　凯　李长新　李庆伟　李兴锋
李承秀　李璐璐　李鑫慧　杨　波　杨　健　杨建军　宋伟浩
宋承东　宋晨霞　张　锋　张　婷　张连合　张利琴　张春香
张舒新　张翠萍　陈　莹　季新月　周光锋　房　鑫　孟宪忠
赵　涛　赵　澍　赵云朝　赵青松　姜　涛　姚金刚　姚树建
徐广明　高　红　高广臣　高秀云　郭　蓥　戚凯丽　葛　磊
韩　义　韩晨静　程书勤　鲁　腾　谢　宪　谢学阳　路兴慧
穆艳娟　鞠丽睿

# 编写说明

种苗是国土绿化的重要基础，是改善生态环境的根本保障。近年来，我国种苗产业快速发展，规模和效益不断提升，为林草业现代化建设提供了有力的支撑，同时有效地促进了农村产业结构调整和农民就业增收。为提高育苗从业人员的技术水平，促进我国种苗产业高质量发展，我们编写了《苗谱丛书》，拟以我国造林绿化植物为主体，一种一册，反映先进实用的育苗技术。

丛书的主要内容包括育苗技术、示范苗圃和育苗专家三个部分。育苗技术涉及入选植物的种子（穗条）采集和处理、育苗方法、水肥管理、整形修剪等主要技术措施。示范苗圃为长期从事该植物苗木培育、育苗技术水平高、苗木质量好、能起到示范带头作用的苗圃。育苗专家为在苗木培育技术方面有深厚积淀、对该植物非常了解、在该领域有一定知名度的科研、教学或生产技术人员。

丛书创造性地将育苗技术、示范苗圃和育苗专家结合在一起。其目的是形成“植物+苗圃+专家”的品牌效应，让读者在学习育苗技术的同时，知道可以在哪里看到具体示范，有问题可以向谁咨询打听，从而更好地带动广大苗农育苗技术水平的提升。

丛书编写采取开放形式，作者可通过自荐或推荐两个途径确定，有意向的可向丛书编委会提出申请或推荐（申请邮箱：

miaopu2021start@163.com)，内容包含植物名称、育苗技术简介、苗圃简介和专家简介。《苗谱丛书》编委会将组织相关专家进行审核，经审核通过后申请者按计划完成书稿。编委会将再次组织专家对书稿的学术水平进行审核，并提出修改意见，书稿达到要求后方能出版发行。

丛书的出版得到国家林业和草原局、中国林业出版社、北京林业大学林学院等单位和珍贵落叶树种产业国家创新联盟的大力支持。审稿专家严谨认真，出版社编辑一丝不苟，编委会成员齐心协力，还有许多研究生也参与了不少事务性工作，从而保证了丛书的顺利出版，编委会在此一并表示衷心感谢！

受我们的学识和水平所限，本丛书肯定存在许多不足之处，恳请读者批评指正。非常感谢！

《苗谱丛书》编委会

2020年12月

苗譜

# 前言 PREFACE

元宝枫（*Acer truncatum* Bunge），又称元宝槭、平基槭、五脚树，为槭树科槭属落叶乔木，是我国特有的多功能树种，分布广泛，栽培历史悠久。元宝枫抗性强、适应性好，是我国干旱与半干旱地区的造林先锋树种；其叶形美观，秋叶变色，具有很高的观赏价值，并作为文化元素融入中华文化底蕴之中；元宝枫种子富含油脂、蛋白质、单宁等物质，其根、茎、叶、花等富含有益成分，具有重要的工业价值、食用价值、药用价值。尤其自2011年元宝枫油被列入《新资源食品目录》之后，元宝枫全株功能成分研究开发与新品种培育得到迅速发展。有关元宝枫繁育和栽培方面的报道相对较多，亟须梳理并集成元宝枫繁育栽培及其管理技术，为元宝枫从业人员系统提供专业技术知识，为元宝枫的规范化繁育栽培提供支撑，避免元宝枫产业发展中的弯路伤农、伤产业，助推元宝枫事业健康可持续发展。

本书是在国家林木种质资源库建设项目“泰安市乡土观赏树种国家林木种质资源库（林场发[2016]153号）”、山东省科技创新项目“槭树、丁香等高档观赏树种种质创新与高效栽培技术研究（LYCX06-2018-31）”、中央财政林业改革发展资金项目“元宝枫良种繁育及丰产栽培技术示范（鲁[2020]TG01号）”、山东省农业良种工程项目课题“元宝枫高产优质新品种选育（2020LZGC00903）”和科技创新合作项目“元宝枫种质资源收集评价及种质挖掘（2020KJCX01）”等项目课题支持下，笔者及其所带领的国家林业和草原局元宝枫工程技术研究中心创新团队，根据近20年在元宝枫种质资源收集、保存、评价、利用等技术积累的基础上，以团队研究成果为主，结合文献资料，凝练总结繁育栽培及管理中的技术要点编成此书。本书主要介绍了当前国内元宝枫新品种与良种，以及元宝枫播种育苗、嫁接育苗、扦插育苗等繁殖技术，裸根移植、带土球移植、容器苗移植等移植技术，苗木造型种类及修剪技术，苗木管护技术、苗木出圃、应用条件与注意事项等，并介绍了元宝枫特色示范苗圃和部分育苗专家。

本书文中标注了插图的来源，文后列出了引用的主要参考文献，在此对被引用材料的作者表示衷心感谢！由于笔者水平有限，本书可能有疏漏或不当之处，欢迎大家批评指正，后续我们逐步改进。

鲁仪增

2022年7月

# 目 录

CONTENTS

苗譜

第1部分

# 树种概况及育苗技术

PART1

# 1 元宝枫简介

**学名：** 元宝枫（元宝槭、平基槭、五脚树）*Acer truncatum* Bunge

**科属：** 槭树科、槭属

## 1.1 形态特征

落叶乔木，高达10m；树冠伞形或倒广卵形。树皮灰褐色，纵裂；新枝绿色，光滑无毛。叶掌状5裂，稀3或7裂，叶长5～10cm，裂片先端渐尖，全缘，叶基截形，稀近心形，嫩时脉腋被丛毛，渐老时两面无毛；叶柄长3～5cm（图1–1）。花黄绿色，径约1cm，成顶生伞房花序。翅果扁平，两翅展开约成直角，翅较宽，翅与果核近等长。花期4月，叶前或稍前于叶开放；果10月成熟（图1–2）。

图1–1　天然林中的元宝枫形态（张林 摄）
（1.成年形态；2.苗期形态）

图1-2 叶片和果实（孙忠奎 摄）
（1.叶片；2.果实）

## 1.2 生长习性

元宝枫种子经催芽后，于3月底至4月初播种，2周后逐渐出土，发芽3～4d后长出真叶，其高生长在6～9月呈现先快后慢的趋势，6月平均高生长量约8cm，7～8月平均高生长量可达17.5～19.7cm，9月平均高生长量约为3.5cm。幼苗期元宝枫喜阴、喜肥、喜湿，不耐涝，高温时叶尖有日灼现象（陈友民，1990；李艳菊，2005）。

## 1.3 分布状况

元宝枫在我国分布地域广泛，栽培历史悠久。天然分布在北纬32°～45°，东经105°～126°，海拔800～1500m的低山丘陵和平地（张天麟，2011）（图1-3）。东起吉林以南，西至甘肃南部，南至安

图1-3 元宝枫成林情况（1.孙忠奎 摄；2.张林 摄）
（1.元宝枫沙地成林情况；2.元宝枫山区栽培情况）

徽南部，北至内蒙古科尔沁沙地均有分布（方文培等，1981）。近年来，随着人们对元宝枫的生态、经济和社会效益认识的不断提高，元宝枫已被列为造林工程的先锋树种（常伟东，2019），栽植面积迅速扩大，已经形成了十多个主栽省区。

## 1.4 元宝枫的价值

### 1.4.1 树种文化

槭属植物分布广泛，颜色绚丽多变，其在生活中常见，具有美好寓意，富含离思乡愁，又与民俗息息相通，在中国、日本、加拿大、美国、俄罗斯等地均具有丰厚的文化积累（王静，2011）。在我国传统植物文化发展的二千多年历程中，红叶融入诗歌、书画，最早记载见于《楚辞·招魂》，发展于唐诗宋词，如《苗族史诗》中《枫木歌》记载了民族民俗的枫树图腾崇拜，《全唐诗》中有关枫树意象出现298次，又如宋代王之道《和子厚弟九日登魏文振亭园七首》中“雨余东北望银屏，一带寒山映骨清。谁道西风能换物，染红枫树亦多情”的状物抒怀。元宝枫是红叶景观树种的典型代表（李艳菊，2005），在发挥食用、药用、材用、观赏作用之外，已逐步作为文化符号进入人们的生活，融入民俗，并逐步沉淀为中华文化的一部分。

### 1.4.2 观赏价值

元宝枫是我国重要的秋叶变色树种之一，驰名中外的北京香山红叶、北京八达岭红叶、南京栖霞山红叶、苏州天平山红叶、湖南岳麓山红叶、四川九寨沟红叶、内蒙古科尔沁沙地红叶、辽宁本溪红叶和山西陵川红叶等观赏胜地，其主要色叶树种均有元宝枫（方文培等，1981；郭冰，2010）。有些旅游地区，以标本、影像、实物相结合的形式充分利用元宝枫丰富的色叶资源，使人们在欣赏红叶的同时能更多地感受到大自然无穷的魅力，丰富旅游的文化内涵（图1-4）。

图1-4 元宝枫景观效果（孙忠奎 摄）
（1.元宝枫林景观；2.秋季季相为红色的元宝枫；3.秋季季相为黄色的元宝枫；4.秋季季相为紫红色的元宝枫）

### 1.4.3 工业价值

元宝枫的种子中含有大量的油脂、蛋白质及单宁等化学物质（王性炎等，2005），从元宝枫种皮中制取的元宝枫栲胶，用于鞣制皮革，渗透速度快，革色浅，感官性能好，产品理化指标与进口的黑荆树栲胶相同；用于尼龙丝织物染色的固色剂，产品的各项指标均超过轻工部颁布的标准（王性炎，2013），固色效果好，牢度高，色泽优，优于五倍子单宁酸，可与我国工业上大量进口的黑荆树单宁相媲美。

### 1.4.4 木材价值

元宝枫木材结构细致均匀，密度中等，质地较硬，材色悦目，常具美丽的花纹和光泽（王兰珍等，1998）。干燥后的元宝枫木材尺寸稳定性良好，易于机械加工，切削面光洁，特别适于车工；油漆及胶接性能良好，可用作胶合板面板或刨削薄木用材，各类高级家具用材，美工、雕刻、玩具和细木工用材，车辆、体育运动器材用材，纺织行业制作各类纱管、压缩木木梭、走梭板、绒辊、清花机木帘子、染花机等用材；也可在军工生产中制作手榴弹柄、枪托、飞机螺旋桨及机面材料；还是高级仪器仪表箱盒的理想材料（贾正民，2015）。因此，元宝枫是值得提倡推广的用材树种。

### 1.4.5 食用价值

元宝枫食用部分为元宝枫种仁，其主要化学成分是油脂（47.88%）和蛋白质（27.15%），两者的总量可达75%，且不包含淀粉，含少量的多聚戊糖、蔗糖和粗纤维。同时含有许多与人体健康和治疗疾病有关的矿质营养元素，这些元素在人体代谢中占有特殊地位（吴裕等，2006）。其蛋白质中含有人体所必需的8种氨基酸（赖氨酸、亮氨酸、异亮氨酸、蛋氨酸、苯丙氨酸、缬氨酸、色氨酸、苏氨酸）。元宝枫种仁含油42.6%，含有12种脂肪酸。其中，亚油酸含量最高，为37.35%；油酸含量次之，为25.80%；神经酸含量为5.25%。不饱和脂肪酸占总脂肪酸的92.31%，被视为优质食用油（刘祥义等，2003；乔谦等，2018）。我国东北、华北、陕西等地民间有炒食元宝枫种子的习惯，味似瓜子和花生。《西北油脂植物》中记载，元宝枫种子富含油脂和蛋白质，无毒，可炒食。2011年中国卫生部第9号文件发布了"关于批准元宝枫籽油和牡丹籽油作为新资源食品的公告"，标志着元宝枫籽油正式成为中国的一种食用植物油。目前，利用元宝枫种子发展新资源食品和生物质能源已列入国家的发展规划中，对于元宝枫产业发展具有巨大的推动作用。

### 1.4.6 药用价值

元宝枫油对肿瘤细胞有明显的抑制作用，同时能促进新生组织生长，对体细胞有修复作用。毒理学安全性试验表明，元宝枫油无毒副作用，完全有望开发为一种高效、无毒的抗癌新药。而且元宝枫油脂肪酸组分中还含有5%～6%的神经酸，15～20年生元宝枫可产果实20kg左右，因此，元宝枫被视为提取神经酸的一个主要资源。目前市场上已出现了元宝枫神经酸油、元宝枫神经酸软胶囊等产品（HU等，2017；乔谦等，2018）。另外，据《全国中草药汇编》和《陕西中药名录》等记载，元宝枫的根或根皮具有祛风除湿的功效，元宝枫树叶中含有丰富的黄酮、氨基酸、强心苷、绿原酸，有较好的开发利用价值。元宝枫的果皮、果翅和种皮含有大量的优质缩合性单宁（68.6%），而单宁具有抗氧化、抗血栓、降低胆固醇等功效，有益于心脏血管疾病的预防。在我国的其他植物中，单宁都产在树皮或根皮里，需要采伐树木才能获得单宁，生产周期长，只有元宝枫是以果壳生产单宁，年年均可采收，是一种持续可再生资源。随着我国人民生活水平的不断提高，人们的保健意识逐步增强，元宝枫作为一种纯天然、无公害、高营养的“药食兼用”树种，必将成为开发系列保健品和药品的重要原料（杨科家，2010）。

## 1.5 品种或良种介绍

### 1.5.1 ‘东岳红霞’（新品种权号：20140022）

小枝灰黄色（1年生枝嫩绿色）；掌状5裂，有时中裂片又分3裂，裂片先端渐尖，叶基通常截形、稀心形；翅果似元宝，两翅多成钝角，翅与果近等长；秋季叶片全部成朱红色或红色。气温正常的情况下，10月下旬开始变色，相比一般品种提前10d左右，11月初叶柄逐渐变红；如遇连续3～5℃低温达2～3d，红色叶片在3d内能占全树叶片的2/3，5～7d树冠内外的叶片能全部呈红色，直至遇霜冻或低温达到-5～-3℃时导致叶片受冻脱落，最佳观赏期达7～15d，该品种属秋季红叶品种中颜色最艳、观赏期最长的新品种（图1-5）。

图1-5 ‘东岳红霞’元宝枫（张林 摄）
（1.‘东岳红霞’元宝枫林形态；2.苗期叶片；3.植株形态）

### 1.5.2 ‘东岳紫霞’（新品种权号：20140023）

小枝灰黄色（1年生枝嫩绿色）；叶表面光滑，多5裂，偶见下裂片各有1裂角，裂深达叶片中下部，中裂片常3裂，先端渐尖，裂片全缘；叶基截形或心形；两翅多呈锐角，翅长与果核相等或略短；秋季叶片呈深红色或紫红色。气温正常的情况下，10月下旬开始变色，相比一般品种提前7d左右，如遇连续3～5℃低温达2～3d，变色叶片在7～10d能占全树叶片的2/3，最佳观赏期7～10d，遇霜冻或低温达到−5～−3℃时叶片受冻脱落，该品种属秋季红叶品种中叶色最深的新品种（图1−6）。

图1−6 ‘东岳紫霞’元宝枫（孙忠奎 摄）
（1.‘东岳紫霞’元宝枫林形态；2.叶片形态；3−4.植株形态）

### 1.5.3 ‘东岳彩霞’（新品种权号：20140024）

当年生枝条直立、粗壮，红褐色，该品种的生长势旺盛；枝条顶端的2～3对侧芽的萌芽能力极强，极易形成竞争枝；叶基心形或截形，叶脉清晰，叶柄较长，叶裂明显，中裂片绝大部分呈3裂；翅果似元宝，两翅多成锐角，翅与果核近等长；秋季树冠外部的叶片呈红色，内膛的叶片呈金黄色。气温正常的情况下，10月下旬叶片逐渐变色，枝条前端叶片的叶柄呈紫红色，相比一般品种提前10d左右；如遇连续3～5℃低温达2～3d，红色叶片在5～7d能占全树叶片的1/2，黄色叶片的亮度逐渐增强，当低温在−2℃左右时黄色叶片首先脱落，遇到霜冻或低温达到−5～−3℃叶片全部受冻脱落，最佳观赏期达7～12d，属速生型秋色叶新品种（图1−7）。

图1−7 ‘东岳彩霞’元宝枫（孙忠奎 摄）
（1.‘东岳彩霞’元宝枫林形态；2−3.植株形态；4.叶片形态）

### 1.5.4 ‘东岳佳人’（新品种权号：20140111）

小枝较多，红褐色；叶基截形或心状截形，叶柄呈紫红色，叶5裂，裂深达叶片中下部，中裂片常5裂，生长季节新梢叶片呈亮紫红色；秋季叶片呈砖红色，亮度较暗、色调偏低。气温正常的情况下，秋季叶片于10月下旬开始变色，如遇连续3～5℃低温达2～3d，变色叶片在5～7d能占全树叶片的1/2，最佳观赏期7～10d，遇霜冻或低温达到−5～−3℃时叶片受冻脱落，该品种属生长季节观赏亮紫红色叶片、秋季观赏红叶的新品种（图1–8）。

图1–8 ‘东岳佳人’元宝枫（程甜甜 摄）
（1.叶片形态；2.植株形态；3.‘东岳佳人’元宝枫林形态）

### 1.5.5 ‘彩蝶翻飞’（新品种权号：20180132）

落叶乔木，树势旺盛，干通直，皮纵裂，浅棕色，主枝较直立，分枝角度中等，当年生枝黄褐、褐、紫褐色，较柔软，枝梢下垂。叶片掌状5裂，长4.5～11.1cm，宽6.5～14.1cm，长宽比0.8，中裂片长宽比1.8，叶片纸质，波状叶缘，稍有上卷，叶基平截，叶柄柔软、弯曲、下垂导致叶片翻转。春季新梢的嫩叶紫红色，后转绿；秋季叶片为橙红色、红色（图1–9）。

图1–9 ‘彩蝶翻飞’元宝枫（丰震 摄）
（1.秋叶变色期的叶片；2.秋叶变色期后的叶片）

### 1.5.6 ‘风度翩翩’（新品种权号：20180133）

落叶乔木，树势中等，干较通直，皮纵裂，浅棕色，主枝较直立，分枝角度中等偏小，当年生枝黄褐色，枝条向上。叶片掌状5裂，长3.6cm～10.4cm，宽7.0cm～14.6cm，长宽比0.8，叶裂较深，裂片长宽比2.1，中裂片又有2小裂片，其余各裂片多无小裂，叶基截形、浅心形，叶柄长度中等。春季新梢的嫩叶紫红色，后转绿；秋季叶片紫红，秋季叶片为橙红色、红色（图1–10）。

图1–10 ‘风度翩翩’元宝枫（丰震 摄）
（1.秋叶变色期的叶片；2.秋叶变色期后的叶片）

### 1.5.7 ‘红精灵’（新品种权号：20180134）

落叶乔木，树势旺盛，干通直，皮纵裂，浅棕色，主枝较直立，分枝角度中等，当年生枝灰褐色、黄褐色，枝条斜向上。叶片掌状5裂，长3.5～12.1cm，宽7.9～14.3cm，长宽比0.7，中裂片长宽比1.7，各裂片较窄，裂片边缘波状，叶基截形、心形。春季新梢的嫩叶紫红色，后转绿；秋季叶片以紫红色为主（图1–11）。

图1–11 ‘红精灵’元宝枫（任红剑 摄）
（1.秋叶变色期的叶片；2.秋叶变色期后的叶片）

### 1.5.8 ‘齐鲁红’（新品种权号：20180135）

落叶乔木，树势中等，干通直，皮纵裂，浅棕色，主枝较直立，分枝角度中等，当年生枝黄褐色，枝条斜向上。叶片掌状5裂，叶片稍小，长3.6～9.2cm，宽4.9～12.5cm，长宽比0.7，中裂片长宽比1.8，各裂片几无小裂，叶基截形、浅心形。春季新梢的嫩叶紫红色，后转绿；秋季叶片为黄色、橙红色、红色（图1–12）。

图1–12 ‘齐鲁红’元宝枫（任红剑 摄）
（1.秋叶变色期的叶片；2.秋叶变色期后的叶片）

### 1.5.9 ‘东岳佳宝’（新品种权号：20200172）

落叶乔木，树冠为卵球形，树干褐色，表皮粗糙，当年生枝为黄绿色，叶基部截形，5裂，秋季季相颜色为黄褐色，花为黄绿色，开花量大，花期为4月份，翅果数量较多，果翅夹角呈窄锐角，果核与翅长的比例为1∶1.2～1.5，果实饱满，存在大小年现象（图1–13）。

图1–13 ‘东岳佳宝’元宝枫（张林 摄）

### 1.5.10 ‘丽红’（新品种权号：20120150）

落叶小乔木，树冠伞形或倒广卵形，是北京市园林科学研究所科研人员经过连续多年对普通元宝枫调查和观测后，选育出的秋季叶片变为血红色的优良变异株系。单叶对生，叶掌状5裂，叶基多平截，春色叶红色；花黄绿色，翅果似元宝；叶片10月下旬至11月中旬变为血红色（普通元宝枫多变为砖红色或橙黄色，观赏效果差），变色优良且性状稳定，极具观赏价值（图1–14）。

图1–14 ‘丽红’元宝枫（孟宪忠 摄）

# 2 繁殖技术

## 2.1 播种育苗

### 2.1.1 种子采集、调制与催芽

2.1.1.1 种子采集

通过广泛地踏查、观察，选择生长健壮、无病虫害、结实量大的中、壮龄元宝枫单株作为采种母树，9～10月元宝枫果实由绿色变为黄褐色后，果实充分成熟、果翅变干时进行采收。主要通过人工摘取或铺设采种布震落果实等方式收集，同时记录元宝枫母树的信息及采种编号（图1–15）。

图1-15　元宝枫种子采集（1-2.程甜甜 摄；3-4.山东省林草种质资源中心采种队 摄）
（1.采集种子变色情况；2.野外采集；3-4.利用采种布进行种子采集）

#### 2.1.1.2　调制

将采集到的元宝枫果实在通风干燥处晾干，随后风选净种，除去果翅及杂质，每千克种子6000～8000粒。

#### 2.1.1.3　贮藏

将净种好的种子装入透气的蛇皮袋内或敞口容器内，置于干燥、通风、阴凉处干藏。注意种子宜干、不宜湿，储存环境保持通风，避免种子发生霉变。

#### 2.1.1.4　催芽

（1）层积催芽

一般在12月以后选择沙藏，将种子用浓度为0.4%～0.5%的高锰酸钾溶液浸泡1h，清水冲洗3次，洗净晾干后沙藏。沙与种子的比例以种沙比1：3为宜，沙的湿度为其饱和含水量的60%左右，混合后装入透气种子袋内（图1-16）。选择排水良好，背阴的地块铺10cm厚湿沙，将透气种子袋放入后覆盖30cm的湿沙与地面齐平，再覆盖一层玉米秸秆保湿，雨雪天做好防水处理。翌年3～4月，待催芽种子中约1/3露白后进行播种。

图1-16　种子混沙（程甜甜 摄）

（2）温水催芽

4月上旬，播种前，将干净的种子用清水浸泡12～15h，中间换水1次，浸种后进行播种（图1-17）。

图1-17　温水浸种（鲁仪增 摄）

## 2.1.2 播种

### 2.1.2.1 播种前准备

选择交通便利、背风向阳、地势平坦、土层深厚、通透性良好、有灌溉和排水条件，pH值为6.5～8.0的砂壤土或壤土为苗圃地。

结合深耕施入充分腐熟的堆肥10000～30000kg/hm²、复合肥300～700kg/hm²。秋季和冬季翻耕深度25cm以上，春季翻耕深度20cm以上。应做到深耕细整，清除草根、石块，地平土碎。

元宝枫育苗以高床为主，床面平整、土壤细碎。育苗床高20～30cm，床面宽100～120cm。

育苗前对床面土壤进行消毒和杀虫处理。常用药剂及使用方法参见表1–1。

**表1–1 土壤处理常用药剂及使用方法（蔡晓玲等，2011）**

| 名称 | 使用方法 | 备注 |
|---|---|---|
| 硫酸亚铁 | 每平方米3%的硫酸亚铁水溶液4～5kg，于播种前7d均匀浇在土壤中 | 对丝核菌和腐霉菌引起的立枯病有效，增加土壤酸度，供给苗木可溶性铁盐并有杀菌作用 |
| 福尔马林 | 每平方米用35%～40%福尔马林50mL，加水6～12L，均匀喷洒在地表，然后用塑料薄膜覆盖，7d左右揭掉覆盖物，使气体挥发无味后使用 | 对大部分微生物都具有破坏能力，是一种常用的广谱杀菌剂 |
| 辛硫磷 | 5%辛硫磷颗粒，按照35～45kg/hm²处理土壤 | 对各种地下害虫有效 |
| 西维因 | 25%西维因可湿性粉剂500～1000倍液地面封杀处理 | 对各种地下害虫有效 |

### 2.1.2.2 播种方法

4月上旬，层积催芽种子露白时或干藏温水浸种后，即可播种。播种量为120～150kg/hm²，每公顷留苗37.5万～45万株。横床条播，播种沟的沟间距离为30cm，沟深3～4cm。将元宝枫种子撒播入沟内，种间距约1cm，上覆1cm厚的草木灰，然后浇足水。或覆盖地膜，可保墒并促进元宝枫种子发芽（图1–18）。

图1–18 种子播后覆膜（孙忠奎 摄）

2.1.2.3　播后管理

（1）苗木生长初期

自4月苗木出土后至5月，高生长缓慢，此期为苗木生长初期，特点是幼苗开始出现真叶和侧根，地上部分生长缓慢，根系生长较快，苗木幼嫩，抗逆性弱。这一时期的中心任务是在保苗的基础上进行蹲苗，以促进根系生长发育，为下一时期苗木迅速生长打下基础。具体措施是：加强松土除草，进行适当灌溉，做好间苗、补苗和定苗工作。同时合理追施磷氮肥并注意防治病虫害（图1–19）。

第一次追肥宜在幼苗出土后约30d开始，追肥量3kg。松土初期宜浅，深度2.0～4.0cm，随着苗木的长大，再逐步加深，但苗根附近宜浅，不能损伤根系。除草的原则是“除早、除小、除了”。苗木出土前的松土除草，元宝枫种子萌动至出土前，可只拔草不松土，拔时尽量不要带动周围土壤，以免影响附近幼芽出土。苗木出土后的松

图1–19　苗木生长初期（1.谭好国 摄；2.张林 摄；3.孙忠奎 摄；4.鲁仪增 摄）
（1.元宝枫幼苗；2.生长初期叶片；3.生长初期；4.元宝枫7月长势情况）

土除草，苗木出土后，在生长前期，由于苗木幼小对不良环境条件的抵抗能力弱，所以要及时松土除草，防止土壤板结和杂草生长。

（2）苗木生长速生期

6月至8月下旬为苗木高生长速生期，这一时期是苗木生长最旺盛的时期，特点是地上部分（高生长、侧枝生长）和根系生长都很迅速。速生期是决定苗木质量优劣的关键时期，这一时期的中心任务是加强抚育管理，提高苗木质量。具体措施是追肥、灌溉、排涝、松土除草等。在整个速生期，追施尿素；生长后期追施磷钾肥，结合追肥进行灌溉浇透土地，随后进行松土保墒。此外，还应及时做好元宝枫的抹芽工作（图1–20）。



在速生期，视情况进行浇水，全年应浇水3～4次，浇后及时松土除草。6～7月根据土壤墒情，适当浇水1～2次；8月下旬前，若天气干旱，再浇1次水；8月下旬为防止苗木徒长，使苗木充分木质化，应当停止浇水。此期除草次数应根据土壤、气候和杂草滋生情况而定。每次雨后和灌溉后都要及时松土。6～8月为生长高峰期，应根据苗情及时追肥，可在6月下旬和7月中旬各追肥一次。每亩地施尿素12kg，施肥后及时浇水；最后一次追施氮肥应在8月下旬，即苗木停止高生长期前的一个月。

图1–20 苗木生长速生期（1.王长宪 摄；2.鲁仪增 摄）

（3）苗木木质化期

从苗木高生长大幅度下降时开始，到根系生长结束为止。8月下旬之后，苗木高生长、侧枝生长开始缓慢下来；进入9月，苗木高生长、侧枝生长明显缓慢下来，此时新的侧枝不再萌发，但地径还在明

图1-21　苗木木质化期（程甜甜 摄）

显生长；进入10月后，大部分苗木停止了高生长，地径生长也明显缓慢下来，10月中下旬苗木高生长、地径生长全部停止。在此期间的一定时间内，苗木根系生长反而加快，之后随着气温的降低，根系生长逐渐缓慢下来，直到土壤结冻根系停止生长。此时期的中心任务是防止苗木徒长，促进苗木木质化并形成顶芽。采取的措施是停止灌溉、施肥、截根（图1-21）。

#### 2.1.2.4　播种苗管护

（1）施肥

元宝枫喜肥，除在休眠期施基肥外，还需在生长期进行追肥。

基肥。每年叶片变色前施效果较好，最迟不能超过翌年2月。以农家肥、人粪尿、饼肥为主，也可增施复合肥、过磷酸钙、磷酸二铵等。每株施肥数量为农家肥15～20kg，饼肥1.0～1.5kg。不同地区可根据土壤养分状况，补施一些土壤缺乏的微肥。

追肥。一年中施肥3～4次。3月中旬、5月中旬各施肥1次，每株施尿素0.1～0.5kg促进发芽、开花坐果和种实膨大，幼树期施肥量可减至0.1～0.2kg，结果后施肥量逐年增加；7月上旬和8月上旬可再追施1～2次，每次株施尿素0.1～0.5kg、钾肥0.1～0.3kg。多年生大树可一年追施1次，每株0.5～1.0kg，在离主干1.5～2.0m以外、树冠投影以内，采取多点追肥，保障养分充足。

（2）灌水

每月浇1次透水，每次浇水后应及时松土保墒，夏季雨天应减少浇水或不浇水，还应及时排除树盘内积水。秋末应灌足封冻水。翌年早春及时浇好解冻水，4～5月是气温快速回升期，此期可每半个月浇1次透水，满足植株生长所需水分，促进植株发根长叶。之后可每月浇 1 次透水，秋末按头年方法浇好封冻水。第三年按第二年的方法浇水。从第四年起，应注意浇好解冻水和封冻水，其他时间可靠自然降水生长，但在特别干旱月份，需适当浇水。采用先进的节水灌溉技术，做好疏通沟渠工作。因元宝枫根系不耐涝，需要对主要根系做排水。

（3）除草

按“除早、除小、除了”原则，及时清除园内杂草。一般结合除草，在降雨或灌溉后，土壤板结时进行松土，松土深度以不伤苗木根系为原则。

（4）病虫害防治

病害主要有褐斑病、白粉病。要及时去除患病植株的有病组织，集中烧毁。褐斑病：用50%多菌灵可湿性粉剂800～1000倍液喷洒，每半月1次，连续2～3次。白粉病：可喷洒25%粉锈宁乳油1500倍液，每半月1次，连续2～3次。

虫害主要有蝉、毛蚜、细蛾、天牛、木蠹蛾、吉丁虫等。防治蝉害，应及时剪除并烧毁有卵枝条，及时人工捕杀成虫，严重时喷洒48%乐斯本乳油2500倍液。防治毛蚜危害，应结合修剪，将栖居或虫卵潜伏过的病枯枝彻底清除烧毁；初期喷洒10%吡虫啉可湿性粉剂2000倍液，或1.2%苦·烟乳油1000倍液。防治细蛾危害，秋冬季清除园内外杂草，破坏越冬场所；可在植株叶片表面有线状浅道时，喷洒1.8%爱福丁乳油2000倍液。防治吉丁虫危害，可利用灯光诱杀成虫，也可在成虫即将羽化时用10%吡虫啉可湿性粉剂1000倍液喷干，封杀即将出孔的成虫，成虫羽化期喷洒1.2%烟参碱乳油1000倍液。防治天牛危害，可在成虫期人工捕杀成虫，用锤击杀死虫卵和幼虫；用铁丝将蘸有2.5%溴氰菊酯乳油1000倍液的药棉塞入新排粪虫孔之中，并用泥土封口，杀死幼虫；或喷施绿色威雷150倍液；严重的幼树从基部锯断焚烧，让伐桩重新萌生枝干。防治木蠹蛾危害，可在其成虫期进行灯光和性诱剂诱杀，也可用413白僵蚕菌、斯氏线虫等注干进行生物防治（图1–22）。

图1–22　播种苗培育管护（1–4.孙涛 摄；5–8.鲁仪增 摄）
（1.元宝枫苗假植；2.定植及浇水；3.幼苗期情况；4.松土除草；5.水肥一体化管理；6.独干型壮苗培育；7.干型矫正培养；8.组合苗培育）

## 2.2 嫁接育苗

### 2.2.1　砧木选择

砧木选择根系发达、生长良好的1～2年实生苗或经过平茬后的苗木，地径1.0cm左右为宜（图1–23）。

图1–23　假植的元宝枫砧木（孙涛 摄）

### 2.2.2　接穗采集与处理

一般2月底至3月中旬，选择元宝枫品种的树冠外围1年生枝条，取其中上部无病虫害、具有健壮饱满芽的枝段作为接穗。硬枝接穗早春沙藏或低温贮存。嫩枝接穗随采随用（图1–24）。

图1–24　接穗采集与处理（1.孙涛 摄；2.程甜甜 摄）
（1.接穗采集；2.穗条沙藏）

### 2.2.3 嫁接时间

春接3月中下旬，夏接5月下旬至6月上旬。

### 2.2.4 嫁接方法

#### 2.2.4.1 舌接

在距地面5～8cm处剪砧，剪口要平整，去除剪口以下的砧木枝条。在砧木上削出长2.5～4cm的马耳形削面，在削面上端1/3处垂直向下切出长约2cm的切口，接穗与砧木削法相同，然后将砧木、接穗的大、小削面对齐后插入，并使两侧的形成层对齐；砧、穗的粗度不等时，可使一侧的形成层对齐。然后用嫁接膜将接口绑严。接穗顶端可涂抹愈伤膏（图1–25）。

图1–25 元宝枫舌接（孙涛 摄）
（1.削切元宝枫接穗；2.元宝枫舌接；3.元宝枫舌接后；4.绑缚嫁接膜；5.挂牌、涂抹愈伤膏；6.嫁接成活情况）

#### 2.2.4.2 劈接

遇到较粗砧木时，一般采用劈接方法。将砧木在离地面5～8cm处剪砧，从其横断面的中部向下劈开，切口长约4cm。接穗削成长约3cm的楔形切口，接穗外侧要比内侧稍厚。接穗削好后，把砧木劈口撬开，将接穗外侧形成层与砧木的一侧形成层对齐。接穗切口上端应高出砧木切面0.2～0.5cm。然后用嫁接膜绑严劈口。

2.2.4.3 “T”字形插皮枝接

在砧木的中间部位进行插皮接，适宜夏接。在砧木光滑处切成“T”字形切口。接穗长度10～15cm，削成长约3cm的切口；挑开“T”字形切口上部，将削好的接穗插入切口内。接穗及接口处理参照舌接（图1–26）。

图1–26 元宝枫插皮枝接（程甜甜 摄）
（1.夏季插皮接；2.插皮接后处理）

## 2.2.5 接后管理

嫁接后，及时抹除砧木芽。嫁接成活后，及时剪除接口以上砧木。接穗萌发后，应及时浇水，可施追肥。为防止嫁接的新梢风折，应及时设立防风杆进行绑缚支撑。8月下旬以后，根据愈合程度，去除绑扎膜（图1–27）。

图1–27 嫁接后绑缚支撑杆避免风折、促进高生长（任红剑 摄）

## 2.2.6 元宝枫嫁接技术应用实例

（1）盆景苗嫁接

以元宝枫枝干为接穗，以1～2年生实生苗为砧木，采用“一穗、多砧”反向劈接法繁育元宝枫树桩盆景苗。

每年初春，在元宝枫未发芽前，结合元宝枫大树修剪，取修剪下的粗枝大干或苗圃地成年元宝枫树经合理短截的枝干，作为元宝枫树桩盆景制作的主要原材料，若截取时间过早，可将剪下的枝段沙藏于背阴处，保持沙粒湿润避免失水。

待温度升高枝段萌动形成层离皮时，选取备用的元宝枫容器苗嫁接到元宝枫粗枝下部，具体嫁接方法如下。

①插皮接：确定接根位置后，先将元宝枫粗枝下部拟嫁接部位的外层老皮刮除，露出韧皮部，刮除尺寸宽度为砧木直径的2～3倍，刮除长度为5cm左右；将元宝枫枝条削成长5～8cm的长斜削面，在砧木上端切口对面斜削一个楔形，砧木削面的厚度一般为接穗直径的一半左右；在粗枝接穗拟嫁接部位的中部纵向切削，深度达木质部，长度比砧木切口长度稍短2～3cm；将削好的砧木长削面对准枝段木质部，沿纵向切口缓慢插入（图1-28）。

图1-28　插皮接（孙忠奎 摄）

②刻槽接：确定嫁接位置后，先将粗枝下部拟嫁接部位的外层老皮刮除，露出韧皮部，根据砧木粗度在粗枝段的韧皮部中间纵向刻槽，依据粗枝的形成层为界，刻槽深度为砧木的1/2～2/3，长度一般不少于5cm，将削好的砧木削面与枝段削面贴合紧密，对齐形成层切口（图1-29）。

图1-29　刻槽接（孙忠奎 摄）

③将接好的砧木用气动码钉枪固定于元宝枫枝段上，避免相互间位移，根据

图1-30　砧木用气动码钉枪固定（张林 摄）

图1-31　涂抹愈合剂（孙忠奎 摄）

元宝枫枝段和砧木的粗细，每个枝段上可嫁接多个砧木苗，以提高嫁接成活率（图1-30）。

④截取直径粗6～8cm、高15～20cm的木棍，用气动码钉枪固定于元宝枫枝段下部髓心位置，以防止栽植时砧木苗与枝段嫁接口位移，并且可以有效防止栽培养护浇水导致的倾斜。

⑤用愈合剂、保水剂涂抹嫁接口，将元宝枫枝段嫁接口以上部分用地膜缠扎包裹密封，仅露枝段下的锯口和砧木根系，随后将其栽培于河沙或疏松透气基质内，栽植深度至枝段下部的5～10cm，最后固定好树桩防止晃动（图1-31）。

⑥养护初期，应根据气温、风强度每日对枝干喷水1～3次，以减少蒸腾；勤观察栽培基质，使其保持湿润且透气，避免干旱或积水；元宝枫枝段萌芽后，待幼叶展叶，包覆的地膜隆起明显时，于幼叶生长处将地膜扎一小孔，使其自然生长，忌开口过大，因蒸腾使其水分供需失衡；夏季气温升高时，应及时遮阴，适当增加浇水次数；养护期内不宜施肥；经一个生长季的养护管理，根系与枝段愈合，可维持自身正常营养生长，地上与地下部分生长趋于平衡。

⑦翌年春季，将根系愈合、可正常生长的树桩，根据盆景艺术造型方案进行修剪，完成元宝枫树桩盆景毛坯制作。

（2）高接换头

对于一些观赏效果不好或结果不好的大型苗木，可进行高接换头，将其改接成优良品种。可于春季进行枝接（舌接）、芽接或夏季芽接（图1-32）。

图1–32　高接换头（1.丰震 摄；2.谭好国 摄）
（1.元宝枫夏季芽接；2.芽接成活情况）

## 2.3 扦插育苗

### 2.3.1　育苗设施

可选用温室、塑料棚或小拱棚等设施。

### 2.3.2　插床的准备

扦插基质采用河沙或混合基质。混合基质由椰壳、珍珠岩、蛭石按照体积比7∶2∶1混合而成。混合基质的含水量为60%左右，具体为手握成团，指缝有水但不滴水，松手后能自动散开。扦插前用0.1%～0.3%高锰酸钾或700倍多菌灵溶液对扦插基质进行喷药消毒（图1–33）。

图1–33　扦插前对基质进行高锰酸钾消毒处理（谢学阳 摄）

### 2.3.3 插前准备

可以直接扦插于苗床或扦插于盛有基质的穴盘容器内。其中，采用苗床扦插时，苗床的床宽100～120cm，床长视大棚规格而定。使用河沙扦插，沙的厚度不少于20cm，床面整平，中间略高，以利排水。采用穴盘容器进行扦插时，采用混合基质扦插，需使用直径6cm、高11cm的育苗容器，放在苗床上消毒后备用（图1–34）。

图1–34 采用穴盘容器进行插前准备（程甜甜 摄）

### 2.3.4 插穗选择与处理

#### 2.3.4.1 种条采集

5月下旬至7月下旬，剪取健壮幼树的半木质化枝条为种条。种条采下后，快速运输到遮阴棚下，适当叶面洒水，注意降温保湿（图1–35）。

图1–35 种条采集（孙忠奎 摄）
（1–2.采穗圃内进行嫩枝种条采集；3.种条采集后快速运输）

#### 2.3.4.2 插穗制备

将种条截成长16～20cm的插穗。插穗不少于3～4对芽，保留上部3～4个叶片。插穗的剪口平滑、不破皮、不劈裂、不伤芽（图1–36）。

图1-36 插穗制备（孙忠奎 摄）

2.3.4.3 激素处理

插穗基部用500mg/L α-萘乙酸溶液速蘸3～5s（图1-37）。

图1-37 插穗激素处理（谢学阳 摄）

## 2.3.5 扦插

5月下旬至6月中旬，随采随插。扦插深度4～6cm，以插穗不倒为准。扦插密度每平方米180～200株（图1-38）。

图1-38 扦插（程甜甜 摄）
（1-2.穴盘容器扦插；3-4.苗床直接扦插）

### 2.3.6 插后管理

2.3.6.1 水分管理

采用河沙作为扦插基质时，扦插后需浇一次透水，然后定时用喷雾器或自动喷雾设施保持叶面湿润，相对湿度不低于80%。采用混合基质作为扦插基质时，扦插后定时用喷雾器或自动喷雾设施保持叶面湿润，相对湿度不低于80%（图1–39）。

图1–39 不同扦插方式下的扦插苗叶面喷雾保湿（张林 摄）

2.3.6.2 温度管理

温度控制在25～38℃。

2.3.6.3 炼苗

生根20d后，减少喷水次数，增强通风透气，增加炼苗强度，炼苗10d左右撤除遮阴网（图1–40）。

图1–40 扦插苗生根炼苗（乔谦 摄）
（1.苗床扦插苗生根情况；2.容器扦插苗生根情况）

2.3.6.4 移栽及管理

炼苗后即可进行移栽。通常将苗木移栽到大田或者移栽到穴盘内。移栽后立即浇透水，之后每7d左右浇1次水，连浇3次。可根据土壤墒情确定是否连续浇水（图1-41）。

图1-41 移栽管理（1.王峰 摄；2.刘立江 摄）
（1.扦插苗大田移栽管理；2.扦插苗容器栽培管理）

# 3 移植技术

## 3.1 裸根移植

### 3.1.1 移植地准备

苗圃应选交通便利、地势平缓、背风向阳、土层疏松深厚、排水良好的壤土或中壤土，因为大苗移植时要带土球移植，沙土不易带土球。

### 3.1.2 移植密度和次数

培养的苗木地径达2cm以上时，于秋季或第2年早春，对所育苗的一部分按行距100～120cm、株距50cm保留，将另一部分进行移栽，定植行距为1m、株距为50cm，将密植的元宝枫苗木起出，剪除病根，修剪折断根、劈裂根后定植。栽好后及时浇足定根水。留苗木密度为1.5万～1.8万株/$hm^2$。对移植苗木，于苗高50cm处截干，当年任其生长，增加树体养分；第二年于地上5～10cm处再短截平茬，同时加强肥水管理，当年苗高可长到3m以上。为保持树干通直，每10m栽1根直水泥柱，拉3道铁丝，分别在离地面高70cm、150cm、220cm处逐步将树苗绑缚在每条铁丝上。留床苗和移植第二年苗的苗木可以再次平茬，当萌蘖枝条长至30cm时，选一直立、健壮的萌蘖枝条作为主干进行培养，并将其他枝条全部剪除，也可采用铁丝绑缚树苗促其树干通直。培养一年后，每隔1株移除1株，株行距变为1m×1m或1.2m×1.0m，继续培育其至粗度5cm时再进行一次移植，随后可培育元宝枫大规格苗木（图1-42）。

图1-42　移植（王峰 摄）
（1.生长期的元宝枫壮苗；2.移植）

### 3.1.3　移植时间

元宝枫移植时间最好是每年的早春，时间为每年的3～4月，同时也应在阴天或者是下雨后移植，并保持好根部水分，注意不可在土壤黏湿或下雨天实施移植工作（图1-43）。

图1-43　元宝枫移植（王峰 摄）

### 3.1.4 移植方法和技术

包括起苗、活力保护、栽植技术等。

挖掘前，固定树体。而后以树干为中心，以4～5倍树干胸径为半径画圆，自圆外开始挖掘。挖掘过程中，注意对树根的保护，不要铲断细小毛根；对粗大根可尝试用手锯锯断，避免撕裂根系。土球高度一般为其直径的60%～80%，挖到土球的一半时逐渐收底，最后形成上大下小的倒圆台状土球。

起苗后，整理土球，喷施多菌灵、恶霉灵等消毒剂。根系存在外伤时，用低浓度萘乙酸、吲哚乙酸或生根粉1号、2号溶液等进行涂抹，对恢复树势效果不错。处理完毕后，用草绳做鸡笼式捆扎。

树体起吊时，不要伤及树皮、土球。做好树冠修剪，树根土球用绳子绑缚固定，树干表面用柔软材料包裹，固定在木架上。树冠朝后，不要拖地，树根向前。运输过程中注意喷水保湿，避免水分散失。

### 3.1.5 栽后管理

大树栽植后，为提升成活率，后期的养护管理，必须到位。主要包括以下技术措施。

（1）树干包扎喷水

大树定植后，注意包扎主干、侧干主枝，控制水分散失，减缓光照直射影响。炎热的夏季，应定期喷水淋湿。必要时，通过打吊针输液补充水分，控制根系积水，以免影响根系生长。

（2）树冠搭棚遮阴

定植后，为防日灼危害，维持树体水分平衡，减弱树体蒸腾影响。必要时于树冠上部搭棚遮阴并保留30%左右的光照，以利于树体进行光合作用。遮阴棚的高度应离树体的顶部50cm以上，确保空气流通性好。

（3）浇水促生根

大树定植后，根系会受到损伤，影响其吸水能力，应注意保持土壤湿润。一般定植后，要浇透1遍水，间隔1d后重复浇水。后期，根据天气情况酌情浇水。另外，树穴不要积水，水分含量高时，会影响土壤的通透性、抑制元宝枫根系呼吸，造成其根系腐烂。为此，注意适量回填土，通常填土高度可略高于地面。对低洼处的苗木，可于周边挖排水沟，及时清除积水。

（4）病虫害与施肥管理

大树定植后，长势较弱，易受病虫害的影响，从而降低成活率。为此，要经常检查树体，留意病虫害发生规律，本着预防为主的原则，对症防控用药。为增强树体抗病虫害能力，在定植后，每间隔2周根外追肥1次，用尿素、硫酸铵、磷酸二氢钾等速效肥，对恢复大树长势效果不错。

## 3.2 带土球移植

### 3.2.1 移植前准备

经提前2～3年按照预期土球大小完成断根缩坨后的大树，土坨内外发生了较多的断根，尤其以坨外为多。所以在移栽前，所起的土球的大小应该比断根坨向外放宽10～20cm。为减轻土球重量，应把表面的土铲去。

吊运前先撤去支撑，捆拢树冠。应选用起吊、装运能力大于树重的机车和适合现场使用的起重机类型，如在松软土地，应选择履带式起重机。吊装时，用粗绳将软材包装围于土球下部约3/5处并垫以木板。

### 3.2.2 栽植技术

苗木运到栽植地后及时进行定植。主要分以下两步。

第一步为准备阶段。根据土球直径，按要求挖种植穴。种植穴直径至少比土球直径大40～50cm，深度超出土球高度20～30cm。种植穴挖成后，底部垫20～30cm的种植土，而后喷施杀菌剂，以起到消毒灭虫的功效。

第二步进行定植。除去树冠绑缚物，处理好破损伤口，做好消毒工作。树干植入种植穴后，扶正，调整好朝向。固定后，除去土球包扎物，分层填土压实。根据土壤黏稠程度，可以混加适量的沙子、珍珠岩、有机肥等，以增强土壤通透性。

### 3.2.3 栽后管理

栽植后，用三柱式或者四柱式固定树干，其他管理措施同3.1.5。

## 3.3 容器苗移植

容器苗具有移植便利、成活率高、无缓苗期或缓苗期短等特点，与裸根、带土球移植相比更易操作，是今后苗木产业发展的重要趋势之一。

### 3.3.1 栽植前处理

栽植时从容器中将元宝枫苗取出，先轻拍容器四周使其松动，再提住主干，取出苗木。取出后将根系四周的营养土刮掉1cm左右，根系下端的营养土去掉1/4左右，剪去下端根系弯根，以便根系迅速与定植穴的泥土结合（图1-44）。

图1-44 元宝枫容器栽培苗根团（刘立江 摄）

### 3.3.2 栽植

将苗木放入定植穴中央，根系不能弯曲；将土回到根系1/3时，压实根系四周泥土，然后往上稍微提一下苗木，继续回填土，边回填土边用双脚在苗木四周轻轻踏实。苗木栽植后要高出地面20cm左右，保证泥土下沉后苗木根颈不裸露，苗木四周要作一个树盘。

### 3.3.3 浇水

栽后的元宝枫苗木要及时浇透水，5d后浇第二次水，以后视土壤、天气情况确定是否浇水。

# 4 修剪技术

## 4.1 苗木造型种类

元宝枫造型苗常见的有球形、高干球形、圆柱形、方块形等。

## 4.2 修剪方法

### 4.2.1 疏剪

疏剪是指将病虫枝、枯枝、交叉枝等不良枝与不合树形树势的枝条自基部剪去。疏剪时不保留基部芽体，剪口下忌留残枝，尽量使剪口与母枝的树皮齐平，伤口才易愈合。疏剪可控制枝条分枝数，使树冠通气、透光、内空间增大，有利于树木生长，通常是初次或大幅修剪时使用。

### 4.2.2 定干

截剪是指将枝条先端一部分剪除，并在基部保留若干芽体。截剪对枝条的侧芽生长有局部刺激作用，还可控制树木生长与树冠幅度。截剪可分为弱剪与强剪，弱剪则将基部留长，剪除部分不超过枝条的50%；强剪时，剪除部分超过枝条的50%以上（图1–45）。

图1–45　截剪（孙忠奎 摄）

## 4.3 修剪季节

树木生长期的修剪依树木的种类与发芽分化时期而定。元宝枫整形修剪时间一般在早春新梢达到10cm之后进行。而其具体的修剪季节主要分为两个阶段。一是休眠期修剪，冬季低温，树木生长缓慢进入休眠期。为塑造优良树形，可以进行较大幅度的强剪，对树木生长势的伤害最小，修剪强度不宜超过全树冠枝叶的1/3。二是生长期修剪，夏季高温，树木进入生长期，为避免枝条消耗性生长，适合弱剪，以保证树冠有良好的通风与透光性，促使植株生长良好。

## 4.4 修剪步骤

幼苗要控制少生侧枝，尤其嫁接苗必须及时去除基部萌蘖。生长过程中，如发生竞争枝，要及时剪除或短截，保证主干正常生长。如有害虫危害主梢，新萌梢弯曲、细弱，应在苗干通直、有饱满芽的上方短截，使新萌梢延续主干生长。

幼苗修剪。幼苗定植后于萌芽前在饱满芽的上方截剪定干，然后用木杆或竹竿扶正苗木，使其顺直生长，保留合理的冠高比，使主干高度不断上升，及早达到目标干高。移栽第一年，注意清除苗木基部萌芽，苗高达到2m时，冠高比保持在3/4左右；超过2m时，冠高比控制在2/3左右。

培育行道树苗木修剪。每年4～6月，除掉树干萌芽，促进大苗生长，分枝点高度保持为2.0～2.5m，截主头、留侧枝，培育3～5个主枝，培育良好的行道树干形，树冠修剪成骨干纺锤形。

培育造型树苗木修剪。4月初对当年枝条进行修剪，一般保留当年枝10～15cm，5月末至6月初进行第二次修剪，保留新生枝6～10cm，修剪要造型均匀，及时除去高干球形的杆部萌蘖。

# 5 管护技术

## 5.1 施肥

播种苗自发芽出土至长出真叶并出齐苗的一个月内，需要施肥2～3次；当苗高10～15cm时即可施肥，肥料种类为复合肥或有机肥，施肥量每667$m^2$施尿素10kg左右；6、7月再各施一次尿素，用量各为15kg，每次施肥后必须立即灌水，期间需要及时抹除侧发萌芽。嫁接的接穗萌发后，在整个生长期内可追施复合肥1～2次。对于扦插后的苗木，应每隔5～7d用浓度为0.1%～0.3%的磷酸二氢钾喷洒叶面，连喷3～5次。

## 5.2 灌水

播种苗高达到10～15cm时，应即刻浇水。对处于生长期的嫁接苗，要适当浇水；8月下旬以后，应及时控水。元宝枫扦插后，要浇一次透水，并每天定时喷雾保湿，空气相对湿度保持在80%～85%。20～30d左右生根，此后可减少喷水次数。

苗木移植后，应立即浇透水，5～7d浇第二次水，以后浇水依土壤墒情而定。在生长后期（8月底）为防止苗木徒长、促进木质化，应逐渐减少灌溉。

## 5.3 除草

苗木生长期可结合除草进行松土，一年应不少于5次。

## 5.4 病虫害防治

元宝枫苗期病虫主要有白粉病、枯萎病、蚜虫和天牛（星天牛、光肩星天牛等蛀干类害虫）等。

**白粉病：**①休眠期，做好清园工作，并对剪除的病株、病芽及病枝等集中处理。②展叶初期，喷一次等量式波尔多液1500倍液预防。③发病期，采用25%粉锈宁可湿性粉剂1000～1500倍液、70%甲基托布津可湿性粉剂800～1200倍液喷雾，每隔10～15d一次，连续喷2～3次（图1–46）。

图1–46　白粉病（程甜甜 摄）

**枯萎病：**①将枯死的病株拔除烧毁，病穴及邻近植株用药液防治处理。②用恶霉灵800～1000倍液+敌磺钠1000倍液或精甲恶霉灵800～1000倍液灌根，间隔7～10d浇灌一次，连续浇灌2～3次。③苗菌灵200～300倍液或75%百菌清可湿性粉剂600倍液浇灌消毒，也可用硫磺粉与土壤充分拌匀，进行消毒。

**蚜虫：**用高搏（70%吡虫啉）水分散粒剂15000～20000倍液、3%啶虫脒乳油1500倍液或20%甲氰菊酯乳油3000～4000倍液喷洒。

**天牛（星天牛、光肩星天牛等蛀干类害虫）：**①采用人工捕捉或黑光灯诱杀成虫、杀卵、剪除虫枝，集中处理等方法。②大量发生时，在成虫及初孵幼虫发生期，用50%辛硫磷乳油、90%敌百虫晶体、25%溴氰菊酯乳油等100～500倍液涂枝干或树冠（图1–47）。

图1–47　天牛幼虫（程甜甜 摄）

**黄刺蛾：**①消灭越冬虫茧，在立冬或早春，摘除树上的虫茧，摘除虫叶，灯光诱杀。②发虫期，可喷50%辛硫磷800倍液或20%杀灭菊酯乳油3000～4000倍液。

## 5.5 其他可能出现的风险预防

冬季冻害预防。由于元宝枫的幼苗抗冻能力较差，在北方地区寒冷的冬季要做好管护工作。主要通过培土、包杆、涂白或者施加植物防冻剂等一系列方式，确保元宝枫幼苗顺利越冬。

间苗、补苗。做好间苗工作，能够极大地提升苗木质量，促进苗木健康生长。在间苗的过程中，不宜过量间苗，最好分3次逐步进行，最后一次定苗要比计划产苗量多5%。针对缺苗的位置，应在阴天做好补植工作。

# 6 苗木质量

（1）苗高、地径

苗高是描述苗木地上部分生长状况的指标。地径指苗木主干靠近地面处的根颈部直径。一般在苗龄和苗高相同的情况下，地径越粗的苗木质量越好，栽植成活率越高，所以地径能够比较全面地反映苗木的质量，是评定苗木质量的重要指标，生产上一般根据苗高和地径两个指标进行苗木分级。元宝枫苗高200cm以上为Ⅰ级苗，100～200cm为Ⅱ级苗。元宝枫苗木地径1.0cm以上为Ⅰ级苗，地径0.6～1.0cm为Ⅱ级苗。

（2）根系状况

苗木根系包括主根、侧根和须根，调查根系发育要测定主根长度，统计侧根数量、根幅大小，适宜的主根长度。元宝枫苗木将根幅20～25cm、须根数量多于5根、根幅较大视为苗木根系发达。

（3）综合控制指标

生物量是苗木累积能量多少的重要表现指标，适宜的苗圃培育环境可显著促进苗木生物量的累积。元宝枫苗木应具有一定高度、苗干粗壮通直、充分木质化、无徒长现象、色泽正常、根系发达、侧须根多、冠根比值小、无病虫害、无枯梢和机械损伤等特点。

# 7 苗木出圃

## 7.1 起苗时间

起苗时间一般在11月苗木落叶期至次年春季萌芽之前。秋季栽植或远距离运输时，可先起苗；就近栽植或翌年春天栽植时，可以后起苗。秋季起苗可避免苗木在田间受冻和损失，秋季需要尽快栽植或进行假植；春季起苗减少假植工序。

## 7.2 起苗方法

出圃前对苗木品种进行核对，抽样调查，统计苗木等级和数量。秋天苗圃地土壤干旱时，为避免起苗时根系损伤和起苗困难，提前10d左右对苗圃地浇1次水。

裸根苗起苗时要分品种，起苗前浇一次透水，2～3d天后起苗，从苗旁边20cm外开沟、深挖，挖苗过程中尽可能多带侧根、细根，保留20cm以上的根系，防止挖断根系或根系过短，并防止损伤苗木皮层，起苗后可用湿毛毡覆盖对苗木进行保湿。应用起苗机可很大程度上提高起苗效率和苗木质量，减轻苗木损伤。

带土球苗起苗时，通常在距离树干半径40～50cm的圆形沟槽中进行挖掘。根据根系的特点，挖掘深度应低于根分布层。挖掘过程中遇到粗糙的根部时，用手锯切割根部，最后断根缩坨，用草绳包裹土球。操作过程中应尽可能避免伤及树皮和细根，特别注意对切根后的毛细根系的保护。

容器苗起苗时，常采用起重机将容器与苗木一起搬运。

## 7.3 苗木包装

包装前对苗木根系进行处理，保持苗木水分平衡，为苗木贮藏或运输至栽植之前创造一个较好的保水环境，尽量延长苗木活力。常用的方法有蘸泥浆、浸水、蘸吸水剂和添加HRC等保湿吸水物质。

（1）蘸泥浆

将根系放在泥浆中蘸根，使根系形成一湿润保护层，能有效保护苗木活力。泥浆的种类及物理特性对蘸根的效果影响很大。有些蘸根用的泥浆采用黏土，干后会结坚硬土块，将其与苗木分开会严重伤害苗木的须根及菌根，降低苗木活力。理想的泥浆应当在苗根上形成一层薄薄的湿润保护层，而且苗捆中每株苗木的根系能够轻易分开，对根系无伤害。

（2）浸水

起苗后对苗木根部浸水，在定植前再浸一次水，效果比蘸泥浆更好。浸水最好用流水或清水，时间一般为一昼夜，不宜超过3d。

（3）水凝胶蘸根

水凝胶蘸根是将一定比例的强吸水性高分子树脂（简称吸水剂）加水稀释成凝胶，然后把苗根浸入，使凝胶均匀附着在根系表面形成一层保护层，以防止水分蒸发。利用HSPAN吸水剂1%饱和水凝胶进行蘸根处理可显著提高苗木成活率。

（4）HRC苗木根系保护剂

HRC苗木根系保护剂是黑龙江省林业科学研究所在吸水剂的基础上，加入营养元素和植物生长激素等成分研制而成的，是以保护苗木根系为主要目的的复合材料。HRC为浅灰色粉末，细度为40～60目，有效磷含量为10%，药剂吸水量为自身重量的70倍以上。HRC药剂加适量水后呈胶冻状，主要使用方法是将苗木根系浸蘸该胶状物。由于HRC苗木根系保护剂内各成分的作用，苗木根系表面形成含有各有效成分的胶状膜，一方面保护了苗木根系，另一方面使苗木在造林后，短期内处于具有较好水分和营养元素的微环境中，保持并提高苗木活力，促使根系快发、速长。

## 7.4 苗木运输

对需外销或长距离运输的裸根苗苗木，包装时按品种、等级、规格大小分别定量捆好，并对根系、枝梢适当修整，挂好标签，标明品种、数量和等级。根部朝向一端，用湿锯末将根部空隙填塞以保湿，然后用塑料布包裹，使锯末不要外露，再用编织袋包装封口，这样包装的苗木可储运7～10d。大量苗木在长距离运输时最好选择恒温箱式车，苗木装车后均匀洒水，在最上层再铺一层保湿填充物，运输过程中温度保持在0～8℃。装车过程中应尽量将苗木码放整齐，不要过度踏踩，避免造成苗木直接损伤以及苗木间隙过小，空气、热量流通受阻而发热。包装与运输过程要注意保湿，可参照DB41/T383-2004的规定执行。

带土球苗运输时，要将土球朝向车头方向，交错堆放，为防止刮伤树皮，可采用草绳等软包装材料包裹树干。运输过程要避免颠簸，防止土球松散。

容器苗运输以带容器平放在货车为宜，顶部覆盖遮阳网防风防晒。

## 7.5 苗木贮藏

### 7.5.1 地址选择

苗木出圃后如不能运走应进行假植。假植要选择地势平坦、背风向阳、排水良好、交通方便的地方。沟的方向应与主风向一致，沟深1m、宽为1.5m，长度根据苗木数量而定，沟最好是南北向，假植时在沟的一头垫一些松土。

### 7.5.2 物品准备

准备足够的洁净河沙、0.5%多菌灵、高粱秆（秫秸）、温度计、标签等物品。

### 7.5.3 沙藏

先在沟底铺10～15cm厚的湿沙，用0.5%多灵菌进行消毒处理后，于沟的一头摆放苗木，一株一株摆开，不能成捆，不能重叠，苗木与沟面成45°。苗木放好后填一层湿沙，湿沙数量以埋住嫁接口为宜，接着再摆放苗木填沙。假植沟内每隔1m放一个秫秸把以通气。所有苗木摆放完后，往沟里填沙子，深度应达苗高的3/4。土壤结冻前，将苗木顶以上加厚覆盖20～30cm湿沙。最后在沟内插入温度计，便于以后观察。

# 8 应用条件和注意事项

## 8.1 应用条件

### 8.1.1 生态造林应用

造林地选择，造林地要求选择土壤厚度60cm以上、pH值6.0～7.5、地下水位1.0m以下、盐含量0.2%以下、海拔400～1500m的壤土和砂壤土。

山地造林，根据地形地势营造纯林，或与侧柏、黄栌、杨树、刺槐、黄连木、油松、栎类等多种针阔树种进行带状、行间混交。初始株行距为2m×3m。鱼鳞坑整地，栽植穴规格一般为60cm×60cm×50cm，外高里低呈反坡式。苗木规格为1年生Ⅰ级苗或Ⅱ级苗。

园林绿化应用中，绿化模式为单行、多行、片状、孤植、对植、丛植。纯林株行距为6m×4m。与混交树种间的行距为3m。栽植穴规格不小于100cm×100cm×70cm。苗木规格以胸径6cm以上截干、半冠或全冠优质大苗为佳。

4月上中旬检查，缺苗及时补植。山地造林可用保水剂，封土后用薄膜或干草覆盖穴面。抚育管理应符合GB/T15776的规定（图1–48）。

图1–48　山地造林（程甜甜 摄）

### 8.1.2 元宝枫在园林中的应用

在作为园林景观树及庭荫树应用方面，由于元宝枫树冠较大、姿态优美、果实形状奇特，春季、秋季叶子观赏性极高，通常将元宝枫种植在公园道路旁边、池塘旁边、凉亭旁边，与山石类型的建筑物相互搭配，具有一定的自然风趣，能充分发挥点缀作用（图1–49）。

图1–49 园林景观应用（程甜甜 摄）

在作为行道树应用方面，城市街道土壤环境差、有害气体的危害性高，因此不适合种植抗性较低的树木，而元宝枫的环境抗性强，而且根系较深，适合作为行道树。

在作为园林建筑物的搭配植物方面，常将元宝枫种植在园林建筑物的入口区域，或种植在建筑物之前的花灌木后面，能起到一定的框架作用，有助于提升风景园林的完整性与深邃性，增强感染力。在与园林相关建筑物进行搭配的过程中，需要注意各类树种的色彩调配，充分展现出元宝枫秋季与春季的色彩优势。

在作为工厂的绿化树种应用方面，一般厂区的空气污染物很多，要求选择具有二氧化硫与光化学烟雾抗性的树种。而元宝枫除了有着较强的二氧化硫与光化学物抗性之外，还能对有害气体进行净化。因此，可以将元宝枫种植在工厂内，起到环境美化与净化、绿化的作用，为人们营造良好的工作与生活环境。

在群植应用方面，对于空旷的草坪与山坡，可以利用群植的方式种植元宝枫，采用纯林或是与针叶树品种混交的方式。

在作为树桩盆景应用方面，元宝枫的老树桩可以生长出新的枝条，柔软度很高，会攀爬成为曲干类型与丛林类型的盆景，在修剪、摘心后用作盆景具有较高的美观性。

## 8.2 主要注意事项

目前，国内对发展乡土元宝枫苗的认识不够，育苗及选苗造林应用中没有按照“适地适树适种源”原则选择适宜的苗木，存在长距离、跨区域盲目引种现象，这些苗木虽然价格比较低，但是笔者在多地观察发现这些引进苗木的生长表现多数不如本地种源的苗木，应用此类苗木开展造林，会影响林分的质量与效益。今后应加强本地元宝枫种苗的发展。

元宝枫良种壮苗培育推广及成果转化率低。虽然部分地区在元宝枫研究方面取得了阶段成果，但是相关成果转化率低，导致相关技术的推广应用滞后，良种应用率低，当前大多地方仍在沿用播种育苗方式繁殖苗木，得到的苗木良莠不齐，个体性状差异较大，造林后的林分质量低、丰产性差，严重限制了元宝枫的产业发展。今后应积极建立国家元宝枫种质资源库和集约管理的良种采种基地、苗木繁育基地，研建元宝枫育苗及造林技术规范，依托各级项目课题，统筹开展元宝枫良种壮苗的规模化、基地化经营。同时，鼓励企业和农牧民参与元宝枫发展进程，支持企业建立科技创新研发基地、精品加工生产基地，培育龙头企业，形成支柱产业，创出品牌。充分发挥良种优势，提高单位面积产量。

元宝枫尚未形成产业链条，深加工及综合利用滞后，产业发展的驱动力不足。当前，对元宝枫的全株利用及其食用、药用、化工等方面的价值已经有一定程度的认识，但是其开发利用程度不够，除元宝枫籽油之外的多种其他产品尚未进入市场，市场开发与培育周期长，导致元宝枫种质资源综合开发利用滞后，产业带动经济发展的动力不足。今后应进一步加强元宝枫基础研究，加快推进全国各地区元宝枫良种化进程，加大元宝枫栽培技术推广和加快成果转化步伐，推动元宝枫产业快速发展。

进一步加大对天然元宝枫资源的保护力度。严禁乱砍滥伐或者移植原生元宝枫，禁止放牧，设立保护标志，完善保护设施，制定原生元宝枫管理规范和法律法规，严格保护元宝枫原生地生长环境，坚持科学管护，保护天然种群，促进元宝枫天然更新，以利用促保护。

# 第2部分

# 示范苗圃

# PART 2

# 泰安元宝枫新品种示范圃

## 苗圃概况

泰安元宝枫新品种示范圃是由泰山林科院负责筹建管理的元宝枫种苗扩繁、新品种标准化培育基地，总面积26.7hm$^2$，其中元宝枫新品种标准示范圃20hm$^2$，主要开展元宝枫新品种（‘东岳红霞’‘东岳紫霞’‘东岳彩霞’‘东岳佳人’等）标准化示范和特异种质创新技术推广工作，培育大规格苗木1万余株，研发元宝枫种苗繁殖和苗木标准化培育技术。示范圃每年嫁接、扦插繁育新品种苗木10万株，解决产业共性关键难题。该苗圃还作为泰安市乡土观赏树种国家林木种质资源库元宝枫种质资源扩繁圃，收集繁育大量的元宝枫种质，为元宝枫育种创新奠定基础。

## 苗圃的育苗特色

苗圃以乡土树种育苗为基础，以新奇特优品种繁育为特色，在乡土彩叶树种选育与繁育方面成效显著。苗圃经营按照“特色化、乡土化、名贵化、彩色化”的原则，以培育大中规格绿化容器苗、造林苗为主，兼营特色花卉、盆景等。同时，通过开展良种繁育及丰产栽培技术示范，集成现有良种和良法，为生产提供优良品种及其配套栽培技术，有效促进良种苗木低成本、快速、规模化繁育，推动良种苗木大规模高效优质造林基地建设，加大良种壮苗的应用、提升造林质量、提高单位面积林地增益，促进农业发展方式调整，全面提升苗木科技创新水平，实现苗圃良种化、规模化高效优质栽培，促进标准化、高附加值系列产品研发与生产（图2–1、图2–2）。

图2-1　元宝枫示范圃概况（孙忠奎 摄）

图2-2　苗圃元宝枫行道树应用示范（于永畅 摄）

## 苗圃在元宝枫育苗方面的优势

基地通过进行大田播种育苗、容器播种育苗、幼苗移植、1年生裸根苗移植、嫁接繁殖、扦插繁殖试验与生产，摸索出一整套元宝枫育苗方法。同时，在育苗基质的配置、覆土厚度、覆盖物选择、喷施除草剂、病虫害防治等关键技术上取得了突破，显著提高了育苗成苗率、降低了育苗成本和劳动强度。

# 第3部分

# 育苗专家

# PART 3

# 1 鲁仪增

## （1）联系方式

电话：0531-88557641（办公室）

## （2）学习工作经历

男，1978年出生，山东郓城人，博士。山东省林草种质资源中心种质创新所所长，正高级工程师。现为国家林业和草原局元宝枫工程技术研究中心副主任、国家林业和草原局暖温带林草种质资源保存与利用重点实验室副主任、山东省农林水工会林草种质资源科技创新工作室负责人、山东林学会副秘书长、山东省科技创新标准化技术委员会委员、山东省林草品种审定委员会委员、山东省自然资源专家库入库专家、山东省林业保护发展智库专家。被聘为山东农业大学、山东师范大学、青岛农业大学、聊城大学、北京农学院校外硕士研究生指导教师。被评为全省林业优秀青年科技工作者、山东省农林水牧气象系统“身边的爱岗敬业榜样”、国家林业和草原局“最美林草科技推广员”。

## （3）在苗木培育方面的成就

长期从事林木种质资源保护评价与创新利用研究。主持中央财政林业改革发展资金项目“元宝枫良种繁育及丰产栽培技术示范”、山东省农业良种工程项目子课题“元宝枫抗逆高产无性系早期鉴定及神经酸分离纯化技术”和科技创新合作项目“元宝枫种质资源收集评价及种质

挖掘”等省部级课题9项，骨干参加课题16项。研制地方与团体标准17项，获得审定省级良种7个，申请发明专利31项、已授权19项，申请植物新品种权4个，副主编或参编专著5部，发表论文81篇。获得省科技进步奖二等奖、梁希科技进步奖二等奖各1项，其他奖项18项。

### （4）与苗木培育有关的出版著作、发表文章、专利、新品种权等名录

发表相关论文

- 畅盼，顾锡亭，马建文，樊金拴，张博勇，鲁仪增，李玲俐. 油用型元宝枫果实发育过程中油脂积累动态研究[J]. 西北农林科技大学学报(自然科学版)，2022(10): 1–12.
- Qiao Qian, Hu Keren, Wu Chong, Wang Jiawei, Liu Qingzhong, Tao Jihan, Liu Yan, Lu Yizeng, Feng Zhen. Acer triflorum as a new nervonic acid–containing oilseed resource for the future: Fruit–and–seed weight, oil content and fatty acid composition[J]. Industrial Crops & Products, 2022(5): 179.
- 穆艳娟，杨月明，王丽丽，韩彪，咸洋，解孝满，李文清，陆璐，鲁仪增. 元宝枫种子萌发及其对不同消毒处理的响应[J]. 林业科技通讯，2021(09): 17–22.
- 韩义，韩彪，鲁仪增，刘德深，李文清，韩庆军，栗宁宁，解孝满. 5个引种美国红枫品种的光合特性比较[J]. 山东农业科学，2016, 48(12): 48–53.
- 穆艳娟，李文清，鲁仪增. 利用主成分分析法筛选北美红花槭双容器栽培基质配方[J]. 山东林业科技，2016, 46(05): 64–67+43.
- 鲁仪增，赵立军，高广臣，王宁，王磊，韩庆军，栗宁宁，李文清. 槭属引进品种秋叶色表达及其与温湿度之间的关系[J]. 山东林业科技，2014, 44(06): 46–48.
- 鲁仪增，赵立军，高广臣，王宁，韩彪，董昕，吴丹，咸洋，解孝满. 红枫叶片花色素及花色苷HPLC定量分析[J]. 山东林业科

技, 2014, 44(05): 70−71+114.
- 葛磊, 鲁仪增. 北美红花槭实生群体叶色与果实着色特征变异研究[J]. 山东林业科技, 2013, 43(03): 43−44+60.
- 鲁仪增. 北美红花槭引种应用研究进展[J]. 山东林业科技, 2010, 40(06): 89−92.

申请发明专利

- 穆艳娟, 杨月明, 陆璐, 王丽丽, 王宁, 鲁仪增. 一种促进元宝枫种子萌发的方法[P]. 山东省: CN114246025A, 2022−03−29.

参编相关专著

- 李文清, 解孝满. 山东古树资源[M]. 北京: 中国林业出版社, 2022.
- 孙霞, 邢世岩. 国家储备林山东主要树种造营林技术[M]. 北京: 中国林业出版社, 2018.
- 李法曾, 李文清, 樊守金. 山东木本植物志(上下卷)[M]. 北京: 科学出版社, 2016.
- 李文清. 山东林木种质资源概要[M]. 济南: 山东科学技术出版社, 2014.

受理植物新品种

- ‘红晚秋’北美红花槭(20190640)

## 2 张林

### （1）联系方式

电话：0538-6215676（办公室）；13181848965（手机）
E-mail：lkyzhanglin@163.com

### （2）学习工作经历

男，1965年出生，山东泰安人，农业推广硕士，泰安市泰山林业科学研究院总工程师、研究员，兼任泰山林科院森林植物园主任、泰安市乡土观赏树种国家林木种质资源库主任、国家林业和草原局元宝枫工程技术研究中心技术委员会副主任委员和种质创新与高效培育团队负责人、中国植物学会植物园分会理事、(山东省)绿化苗木花卉产业技术创新战略联盟秘书等，中共泰安市第十一次代表大会党代表。

### (3)在苗木培育方面的成就

长期从事观赏植物引种评价、种质创新、种苗繁殖及栽培技术研发工作，在元宝枫、青檀、紫薇、流苏、紫藤等乡土观赏树种种质创新方面成效显著。其中，包括元宝枫5个新品种权和3个省级审定林木良种，并获得大量特异单株；紫薇、青檀、流苏已获染色体加倍的新品种。承担国家林业和草原局林业行业标准制修订项目、中央财政林业科技推广示范项目、国家外国专家局国家重点引智项目、山东省农业良种工程项目、山东省星火科技示范项目、泰安市农业良种工程项目、泰安市科技发展计划项目等30余项。作为主要研究人员荣获国家科技进步奖二等奖1项，山东省科技进步奖二等奖1项、三等奖1项，主持项目获泰安市科技进步(含省林业厅)奖8项，获得国家发明专利授权6项，授权植物新品种13个，省审(认)定林木良种7个，参与编写《泰山植物志》《泰山生物多样性》等著作。

### (4)与苗木培育有关的出版著作、发表文章、专利、新品种权等名录

发表相关论文

- 张林，孙忠奎，张兴，乔谦，程甜甜，宋勇. 辐射处理对元宝枫种

子出苗率和苗期形态的影响[J]. 山东农业科学, 2019, 51(05): 59-62+88.

- 王峰, 郭延松, 孙忠奎, 程甜甜, 任红剑, 刘志兵, 张安琪, 张林. 不同种源元宝枫苗期生长性状的变异分析[J]. 山东农业科学, 2018, 50(12): 15-19.
- 王峰, 孙忠奎, 任红剑, 张林, 王长宪. 元宝枫种质资源调查报告[J]. 山东林业科技, 2017, 47(06): 41-44.
- 李承秀, 张靖, 张义坤, 陈荣伟, 王峰, 孙忠奎, 张林. 元宝槭秋叶变色与土壤元素含量的关系分析[J]. 园艺与种苗, 2015(09): 47-50.
- 王厚新, 张安琪, 魏秀英, 于永畅, 李承秀, 孙忠奎, 张林. 3个元宝槭品种的抗旱性评价[J]. 山东林业科技, 2013, 43(05): 10-14.
- 张安琪, 牛田, 于永畅, 王厚新, 孙忠奎, 王长宪. 华北五角枫6个无性系幼苗生长规律的研究[J]. 山东林业科技, 2013, 43(05): 60-62.

授权植物新品种

- 元宝枫‘东岳紫霞’(20140023)
- 元宝枫‘东岳红霞’(20140022)
- 元宝枫‘东岳佳人’(20140111)
- 元宝枫‘东岳彩霞’(20140024)
- 元宝枫‘东岳佳宝’(20200172)

受理植物新品种

- 元宝枫‘凤飞’(20180659)
- 元宝枫‘凤蝶’(20180660)

授权山东省林木良种

- ‘东岳红霞’元宝枫(鲁R-SV-AT-055-2016)
- ‘东岳彩霞’元宝枫(鲁R-SV-AT-007-2016)
- ‘东岳紫霞’元宝枫(鲁R-SV-AT-056-2016)

# 3 李文清

## （1）联系方式

电话：0531-88591160（办公室）

## （2）学习工作经历

男，1962年出生，山东平邑人，硕士。原山东省林草种质资源中心主任，二级研究员，享受国务院特殊津贴。现为国家林业和草原局元宝枫工程技术研究中心主任、国家林业和草原局林草种质资源工作领导小组办公室成员、农工党山东省委参政智库专家、山东省林木种质资源保护与创新利用团队首席专家、山东中医药学会中药资源专业委员会副主任委员、山东省林业科技专家委员会委员、山东省自然资源标准化技术委员会委员、山东师范大学硕士研究生指导教师、青岛农业大学和山东农业工程学院客座教授。被评为全国生态建设突出贡献奖先进个人、全国林业系统先进工作者，被中共山东省委组织部授予全省“担当作为好干部”称号。

## （3）在苗木培育方面的成就

长期从事林木种质资源保护管理与创新应用研究，主持开展国家与省部级项目、课题、子课题32项（其中在研7项），主编、副主编专著4部，研制技术标准9个，申请发明专利20项，发表论文21篇（其中SCI/EI收录10篇），获省科技进步奖二、三等奖各1项，梁希科技进步奖二等奖1项。突破一系列关键技术，研建相关技术体系，组织搭建了共享利用服务平台，多项技术成果达到国际领先水平，取

得了良好的社会、生态与经济效益。

### （4）与苗木培育有关的出版著作、发表文章、专利、新品种权等名录

发表相关论文

- 穆艳娟, 杨月明, 王丽丽, 韩彪, 咸洋, 解孝满, 李文清, 陆璐, 鲁仪增. 元宝枫种子萌发及其对不同消毒处理的响应[J]. 林业科技通讯, 2021(09): 17−22.
- 韩义, 韩彪, 鲁仪增, 刘德深, 李文清, 韩庆军, 栗宁宁, 解孝满. 5个引种美国红枫品种的光合特性比较[J]. 山东农业科学, 2016, 48(12): 48−53.
- 穆艳娟, 李文清, 鲁仪增. 利用主成分分析法筛选北美红花槭双容器栽培基质配方[J]. 山东林业科技, 2016, 46(05): 64−67+43.
- 鲁仪增, 赵立军, 高广臣, 王宁, 王磊, 韩庆军, 栗宁宁, 李文清. 槭属引进品种秋叶色表达及其与温湿度之间的关系[J]. 山东林业科技, 2014, 44(06): 46−48.
- 赵之峰, 李文清, 刘启虎, 张延兴, 田汝兵, 仝伯强, 韩庆军. 北美鹅掌楸和北美红花槭工厂化大批量育苗技术[J]. 山东林业科技, 2004(06): 57−58.

出版相关专著

- 李文清, 解孝满. 山东古树资源[M]. 北京: 中国林业出版社, 2022.
- 解孝满, 李文清. 山东木本植物名录[M]. 济南: 山东科学技术出版社, 2017.
- 李文清, 臧德奎, 解孝满. 山东珍稀濒危保护树种[M]. 北京: 科学出版社, 2016.
- 李法曾, 李文清, 樊守金. 山东木本植物志(上下卷)[M]. 北京: 科学出版社, 2016.
- 李文清. 山东林木种质资源概要[M]. 济南: 山东科学技术出版社, 2014.

受理植物新品种

- ‘红晚秋’北美红花槭(20190640)

# 4 仝伯强

## （1）联系方式

电话：0531-88559638（办公室）

## （2）学习工作经历

男，1979年出生，山东郓城人，学士。山东省林草种质资源中心副主任，正高级工程师。现为国家林业和草原局元宝枫工程技术研究中心副主任、世界自然保护联盟（IUCN）中国植物专家组成员、山东省林草品种审定委员会委员。被聘为山东农业大学校外硕士研究生指导教师。

## （3）在苗木培育方面的成就

长期从事林草种质资源保存评价研究和推广利用、古树名木和珍稀濒危植物保护研究工作，主持山东省重点研发计划（重大科技创新工程）项目“林木种质资源挖掘与精准鉴定”和山东省农业良种工程课题“元宝枫高产优质新品种选育”等省部级项目课题4项，骨干参加国家级、省部级课题12项，研制地方标准4项、团体标准7项，获得审定省级良种3个，申请专利21项，主编或参编专著4部。在国内外期刊上发表论文32篇。获省科技进步奖二等奖、梁希科技进步奖二等奖各1项，其他奖项8项。

## （4）与苗木培育有关的出版著作、发表文章、专利、新品种权等名录

发表相关论文

- 张洪卫，刘恒毅，仝伯强．山东省主要观赏树种资源调查[J]．现

代农业科技, 2020(17): 127+131.

- 吴府胜, 刘鹍, 杨海平, 刘涛, 仝伯强, 王刚毅, 井琪. 山东省野生林木种质资源在园林绿化中的应用前景[J]. 山东林业科技, 2017, 47(04): 77−80.
- 刘启虎, 李文清, 吴府胜, 仝伯强, 刘鹍, 庄振杰. 泰山珍稀濒危树种种质资源调查与分析[J]. 山东林业科技, 2016, 46(04): 60−62+72.
- 李文清, 解孝满, 仝伯强, 刘丹, 吴府胜, 臧德奎, 马燕, 孙居文, 王延玲. 山东珍稀濒危树种的初步研究[J]. 山东林业科技, 2016, 46(01): 13−21.
- 赵之峰, 李文清, 刘启虎, 张延兴, 田汝兵, 仝伯强, 韩庆军. 北美鹅掌楸和北美红花槭工厂化大批量育苗技术[J]. 山东林业科技, 2004(06): 57−58. .

参编相关专著

- 李文清, 解孝满. 山东古树资源[M]. 北京: 中国林业出版社, 2022.
- 解孝满, 李文清. 山东木本植物名录[M]. 济南: 山东科学技术出版社, 2017.
- 李文清, 臧德奎, 解孝满. 山东珍稀濒危保护树种[M]. 北京: 科学出版社, 2016.
- 李法曾, 李文清, 樊守金. 山东木本植物志(上下卷)[M]. 北京: 科学出版社, 2016.
- 李文清. 山东林木种质资源概要[M]. 济南: 山东科学技术出版社, 2014.

## 5 丰震

### （1）联系方式

电话：13695389830（手机）

### （2）学习工作经历

男，1961年出生，山东聊城人，山东农业大学教授，园林植物与观赏园艺、林木遗传育种专业硕士生导师。本科、硕士毕业于山东农业大学，于北京林业大学进修、美国密执安州立大学留学，美国农业部农林中心及内布拉斯加大学访问学者。

### （3）在苗木培育方面的成就

先后主持和参与国家、林业部948项目和山东省科技攻关项目5项，获得国家科技进步奖二等奖1项、省部级科技进步奖二等奖2项和厅级科技进步奖3项。参编面向21世纪高等学校课程教材《园林植物育种学》，副主编《中国牡丹栽培与鉴赏》和《商品花卉生产与经营》等5部专著，在《Tree Physiology》《In Vitro Cellular & Developmental Biology–Plant》《Agricultural Sciences in China》《中国农业科学》《园艺学报》《林业科学》和《植物学通报》等国内外重要期刊发表论文70余篇，至今已经指导培养风景园林学、园林植物与观赏园艺、林木遗传育种专业的硕士研究生40多名，审定植物新品种或良种20多个。在元宝枫、三角枫、金沙枫、弗里曼枫、紫薇和贴梗海棠的新品种培育及玫瑰的种质资源和数量遗传、菊花基因工程等方面取得多个标志性成果。

### （4）与苗木培育有关的出版著作、发表文章、专利、新品种权等名录

发表相关论文


- 任红剑，柳斌，张冲，丰震，孙忠奎．山东地区茶用元宝枫品系的比较与筛选[J]．山东林业科技，2019，49(02)：34–36+47.

- 安凯, 丰震, 乔谦, 任红剑. 三角枫天然四倍体变异的鉴定[J]. 山东林业科技, 2018, 48(04): 1−5.
- 许超, 刘昆鹏, 丰震, 刘毓, 李荣基. 多地点元宝枫家系树高、胸径变异及模型构建[J]. 江苏农业科学, 2018, 46(14): 144−147.
- 乔谦, 司芬芬, 叶美静, 任红剑, 安凯, 丰震, 程甜甜, 孙忠奎. 元宝枫种子含油率与脂肪酸组分多样性分析[J]. 中国粮油学报, 2018, 33(04): 56−63.
- 乔谦, 丰震, 任红剑, 安凯, 杜晓茜, 许超, 张林, 孙忠奎. 元宝枫种子含油率与脂肪酸组分株间变异及单株选择[J]. 中南林业科技大学学报, 2018, 38(02): 76−82.
- 任红剑, 丰震, 乔谦, 安凯, 叶美静, 司芬芬, 张林, 孙忠奎. 元宝枫叶片形态特征的地理变异[J]. 西北林学院学报, 2018, 33(01): 113−119.
- 任红剑, 丰震, 安凯, 乔谦, 司芬芬, 叶美静, 孙忠奎. 元宝枫优质叶用品系选育方式的探讨[J]. 林业科学研究, 2017, 30(06): 977−984.
- 杜晓茜, 丰震, 许超, 安凯, 乔谦, 任红剑. 元宝枫不同基因型叶片花色苷组分的时空差异[J]. 江西农业大学学报, 2017, 39(05): 921−927.
- 任红剑, 王长宪, 杜晓茜, 乔谦, 安凯, 孙忠奎, 丰震. 元宝枫花中3种黄酮类成分的初步研究[J]. 中国农学通报, 2017, 33(25): 43−47.
- 乔谦, 丰震, 任红剑, 安凯, 张林, 孙忠奎. 元宝枫天然种群种实表型多样性[J]. 生态学杂志, 2017, 36(10): 2707−2715.
- 任红剑, 丰震, 王超. 元宝枫花的挥发成分研究[J]. 天津农业科学, 2016, 22(10): 7−14.
- 杜晓茜, 丰震, 杨丽娟, 许超, 乔谦, 任红剑, 安凯. pH示差法测定不同品系元宝枫叶片花青苷含量[J]. 天津农业科学, 2016, 22(09): 36−39.
- 马立敏, 丰震, 齐新玲. 元宝枫CHS基因片段的克隆及序列分析(英文)[J]. Agricultural Science & Technology, 2016, 17(07): 1658−1662+1678.

- 乔谦, 丰震, 李承水. 元宝枫无性系嫁接成活率及其春梢性状分析[J]. 山东农业科学, 2016, 48(05): 45-48.
- 王延玲, 郝雪英, 丰震. 元宝枫MYB转录因子基因的克隆(英文)[J]. Agricultural Science & Technology, 2016, 17(04): 792-796+821.
- 马立敏, 丰震, 李存华. 元宝枫一新变型——三裂叶元宝枫[J]. 山东林业科技, 2016, 46(02): 33.
- 齐新玲, 丰震, 马立敏. 元宝枫无性系幼龄期枝叶性状变异分析[J]. 山东农业科学, 2015, 47(11): 27-31.
- 郝雪英, 丰震, 吕传青. '鲁红一号' 元宝枫叶片总RNA提取方法的比较研究[J]. 山东农业科学, 2015, 47(03): 5-8.
- 李文芳, 丰震, 张朋. 两种槭属植物花粉生活力测定[J]. 山东林业科技, 2015, 45(01): 30-32+25.
- 吕传青, 丰震, 郝雪英, 李文芳. 中华槭花粉活力探究[J]. 山东林业科技, 2014, 44(05): 19-22.
- 张朋, 丰震, 杨凯, 程甜甜. 元宝枫花性变异初探[J]. 农学学报, 2014, 4(04): 41-44.
- 杨凯, 丰震, 张朋, 程甜甜. 槭属植物远缘杂交初探[J]. 山东林业科技, 2014, 44(02): 21-24.
- 张朋, 张义坤, 丁红杰, 丰震, 杨凯, 程甜甜. 美国红枫在泰山生长状况的分析[J]. 园林, 2013(03): 60-61.
- 钱见平, 丰震, 王长宪, 张林, 张鑫鑫, 杨凯, 于永畅, 谷衍川. 元宝枫无性系秋季叶片主要成分含量动态变化[J]. 中国农学通报, 2013, 29(07): 26-30.
- 杨科家, 丰震, 朱红梅, 张红磊, 刘芳. 元宝枫叶片花色素苷的提取及其稳定性研究[J]. 中国农学通报, 2009, 25(24): 334-337.
- 莫镇华, 丰震, 尹海燕, 朱红梅, 杨科家. 3种槭树幼苗抗旱性研究[J]. 中国农学通报, 2009, 25(03): 88-92.
- 王乃卿, 丰震, 王长宪. 北美槭属树种及其在我国的引种现状[J]. 科技风, 2008(12): 46-47.
- 张宝, 丰震, 王长宪. 槭树种质资源的翅果数量性状研究[J]. 植物遗传资源学报, 2007(01): 82-85.

授权专利

- ‘一种从元宝枫幼苗中筛选红叶变异单株的方法’(ZL201710182472. 7)
- ‘一种果树环割刀’(ZL201720 391149. 6)

授权植物新品种

- 元宝枫‘彩蝶翻飞’(20180132)
- 元宝枫‘风度翩翩’(20180133)
- 元宝枫‘红精灵’(20180134)
- 元宝枫‘齐鲁红’(20180135)
- 弗里曼槭‘丹霞升’(20180131)
- 金沙槭‘鲁绿’(20180147)
- 三角枫‘兴旺’中国（20180148）
- 三角枫‘齐鲁金’中国（20180283）

## 6 程甜甜

### （1）联系方式

电话：15244147566（手机）

### （2）学习工作经历

女，1988年1月出生，毕业于山东农业大学园林植物与观赏园艺专业，泰安市泰山林业科学研究院园林花卉所所长。

### （3）在苗木培育方面的成就

主要从事园林植物种质资源评价及种质创新研发工作，在元宝枫、青檀、紫薇、紫藤、木绣球、石蒜等园林植物育种方面研究成效显著，特别是在元宝枫等观赏植物彩叶品种诱变育种方面均取得关键性突破，掌握了元宝枫、青檀、石蒜、紫薇、木绣球、紫藤等树种的常规育种方法，先后主持及参与实施课题12项，获得各项奖励7项，其中省级以上奖励4项，参与实施的“青檀种质资源收集评价与新品种培育”项目2018年获山东省林业科技成果奖二等奖。“青檀种质资源收集评价、突破性育种与关键技术创新”项目2021年获得泰安市科技进步奖一等奖、山东省自然资源科学技术奖二等奖。“国兰新品种创制与生产关键技术研发”项目2020年获山东省林业科技成果奖二等奖、泰安市科技进步奖一等奖。参与研发并授权植物新品种15个，获得山东省林木良种5个；授权国家发明专利8项；发表省级以上科技论文24篇。

### （4）与苗木培育有关的出版著作、发表文章、专利、新品种权等名录

发表相关论文

- 乔谦，司芬芬，叶美静，任红剑，安凯，丰震，程甜甜，孙忠奎. 元宝枫种子含油率与脂肪酸组分多样性分析[J]. 中国粮油学报，2018，33(04): 56−63.
- 王峰，郭延松，孙忠奎，程甜甜，任红剑，刘志兵，张安琪，张林. 不同种源元宝枫苗期生长性状的变异分析[J]. 山东农业科学，2018，50(12): 15−19.
- 苏亚静，鲁仪增，乔谦，孙忠奎，武冲，燕语，程甜甜，张林，丰震. 元宝枫、三角枫及金沙枫叶片柯里拉京含量的变异与季节变化[J]. 林业科学研究，2023，36(01): 31−38.
- 任红剑，程甜甜，孙忠奎，张林，褚敏. 元宝枫荒山造林技术研究[J]. 林业勘查设计，2023，52(03): 9−13.
- 张玉璞，韩聪颖，孙忠奎，程甜甜，燕语，谢宪，吕福堂.‘东岳红霞’元宝枫嫩枝对盐胁迫的响应及耐盐性评价[J]. 山东林业科技，2023，53(06): 47−52+65.
- 程甜甜，玄锦，褚敏，任红剑，孙忠奎，燕语，杜辉，谢学阳. 6个元宝枫种仁含油率及脂肪酸组分分析[J]. 山东林业科技，2024，54(05): 66−70+83.

■ Li Y, Kong F, Wu S. et al. Integrated analysis of metabolome, transcriptome and bioclimatic factors of Acer truncatum seeds reveals key candidate genes related to unsaturated fatty acid biosynthesis, and potentially optimal production area[J]. BMC Plant Biol, 2024, 24: 284.

授权植物新品种

■ 元宝枫‘凤飞’(20220249)

■ 元宝枫‘凤蝶’(20220250)

## 7 殷红燕

### （1）联系方式

电话：0538–8222838（办公室）；17553869119（手机）

### （2）学习工作经历

女，1976年出生，汉族，中共党员，现任泰安市林业保护发展中心林业科技推广科科长、泰安市林学会秘书长，从事林业科技创新和林业科技推广服务工作。连续三年被泰安市政府授予市嘉奖，2020年荣获泰安市脱贫攻坚工作先进个人，2021年被评为市直优秀女共产党员，2023年被评为泰安市乡村振兴先进个人。

### （3）在科技推广方面的成就

立足打通服务林农“最后一公里”，充分发挥专业优势，开展“菜单式”服务、“点对点”培训、“一对一”咨询，为全市林果农提供技术指导，用科技服务一线林农。近五年组织全市完成林业科技培训380场、1.6万人次，累计引进林木优良品种123个，推广新品种新技术

147项，推广优良林木品种、实用新技术面积达1.2万亩。先后主持和参与课题及项目11项，获奖科研成果14项，发表论文12篇，研制地方标准2项。获得山东省林木良种1个。

### （4）与科技推广有关的出版著作、发表文章、专利、新品种权等名录

发表相关论文

- 殷红燕, 周菲, 李晨, 等. ‘华硕’苹果在泰安的性状表现与栽培技术要点[J]. 落叶果树, 2023, 55(06): 64−67.
- 殷红燕, 张波, 陈凤云, 等. ‘丹露’桃的引种表现及栽培技术[J]. 北方果树, 2020(04): 57−58.
- 张利琴, 殷红燕, 穆淑媛, 等. 5个杂交桑种质的耐盐性评价[J]. 中国农学通报, 2022, 38(17): 62−68.
- 赵涛, 殷红燕, 鞠健, 等. 两种吡虫啉水剂对日本松干蚧防治效果研究[J]. 山东林业科技, 2020, 50(03): 63−65+21.
- 王晓英, 郭廷松, 王新花, 殷红燕, 等. 4个苹果品种的AFLP分子标记研究[J]. 山东农业大学学报(自然科学版), 2018, 49(01): 90−93.
- 张利琴, 殷红燕, 季霞, 等. 毛梾的应用价值和产业发展策略分析[J]. 防护林科技, 2021(02): 62−63+87.

授权专利

- 一种植树造林用的育林板（CN 214206497 U）
- 一种林业用树木栽培用辅助架（CN 214676868 U）

授权良种

- ‘泰宁1号’美洲黑杨（鲁S−SC−PD−006−2024）

# 参考文献

HU P, XU X B, YU L LL, 2017. Interesterified trans-free fats rich in sn-2 nervonic acid prepared using Acer truncatum oil, palm stearin and palm kernel oil, and their physicochemical properties[J]. LWT – Food Science and Technology, 76: 156-163.

包哈森高娃，韩青龙，车保安, 等, 2019. 通辽地区元宝枫种质资源保护、开发利用现状、存在的问题及对策[J]. 林业科技，44（06）：53-56.

蔡晓玲，陈登, 2011. 几种化学药剂在苗圃土壤消毒与种子处理中的应用[J]. 现代农业科技，（16）：200-201+205.

常伟东, 2019. 元宝枫产业发展前景分析[J]. 内蒙古林业（05）：30-31.

陈建军，张帆,. 张雪冰, 等, 2018. 北方地区桃苗木标准化繁育技术[J]. 中国果树（05）：91-94.

陈友民, 1990. 园林树木学[M]. 北京：中国林业出版社.

代丁巴毛, 2020. 大树移植方法及提高成活率[J]. 农业开发与装备（04）：231.

方文培，包士英，徐廷志, 1981. 中国植物志[M]. 北京：北京科学出版社.

郭冰, 2010. 论槭属树种及其在园林绿化中的应用[J]. 江西农业学报，22（09）：49-52.

郭艳婷, 2019. 元宝枫栽培技术及在园林中的应用[J]. 江西农业（04）：67.

贾正民, 2015. 元宝枫产品在工业上的应用[J]. 山西林业（06）：28-29.

李利，王守龙，付筱, 2018. 元宝枫规范化栽培技术[J]. 现代农业科技（10）：172-173.

李艳菊, 2005. 元宝枫繁育技术与应用研究[D]. 北京：北京林业大学.

李艳菊, 2005. 元宝枫组织培养研究[J]. 北京林业大学学报（03）：104-107.

刘祥义，付惠，陈玉慧, 2003. 元宝枫油理化特性及脂肪酸组成研究[J]. 中国油脂，28（3）：66-67.

乔谦，丰震，任红剑, 等, 2018. 元宝枫种子含油率与脂肪酸组分株间变异及单株选择[J]. 中南林业科技大学学报，38（02）：76-82.

乔谦，司芬芬，叶美静, 等, 2018. 元宝枫种子含油率与脂肪酸组分多样性分析[J]. 中国粮油学报，33（04）：56-63.

孙明慧，郑宇，林荫, 2020. 造林用苗木质量评价研究进展综述[J]. 华东森林经理，34（01）：19-24.

孙振杰, 2020. 园林绿化工程中提高大树移植养护管理水平的措施[J]. 乡村科技（09）：89-90.

王静, 2011. 元宝枫容器育苗基质配制及化学控根技术研究[D]. 北京：北京林业大学.

王兰珍，马希汉，王姝清, 1998. 元宝枫研究进展[ J ]. 西北林学院学报，13（1）：97-101.

王性炎, 2013. 中国元宝枫[M]. 杨凌：西北农林科技大学出版社.

王性炎，王姝清, 2005. 神经酸新资源—元宝枫油[J]. 中国油脂，30（9）：62-64.

吴裕，段安安, 2006. 元宝枫研究现状及未来发展趋势[J]. 西南林学院学报，26（3）：71-75.

肖忠华，周雪梅，邢保东, 2020. 元宝枫优质大苗培育技术[J]. 现代农业科技（08）：155-156.

杨科家, 2010. 元宝枫叶色、叶形与翅果的变异研究[D]. 泰安：山东农业大学.

张天麟, 2011. 园林树木1600种[M]. 北京：中国建筑工业出版社.